C.H.BECK WISSEN

in der Beck'schen Reihe

2062

Erdbeben und Vulkanausbrüche sind nicht nur faszinierender Ausdruck der gewaltigen Kräfte des Erdinneren, sondern ebenso gefürchtete Naturkatastrophen, die die Menschen seit jeher in Angst und Schrecken versetzen. Entsprechend hoch sind die Erwartungen, eines Tages über ein globales und zuverlässiges Frühwarnsystem zu verfügen, was jedoch ein umfassendes Verständnis der komplexen Vorgänge im Erdinneren voraussetzt. Rolf Schick schildert die historische Entwicklung der wissenschaftlichen Erforschung von Erdbeben und Vulkanen, er erklärt die Ursachen und Auswirkungen dieser Naturereignisse und erläutert den Stand der gegenwärtigen Vorhersagemöglichkeiten.

Prof. Dr. *Rolf Schick* ist Physiker und arbeitet am Institut für Geophysik der Universität Stuttgart. Er ist u.a. Vorsitzender der internationalen Arbeitsgruppe „Seismic Phenomena Associated With Volcanic Activity“ der „European Seismological Commission“ und Vertreter der Bundesrepublik Deutschland in der „Commission on Volcano Geophysics“ der „International Association of Volcanology and Chemistry of The Earth's Interior“ (IAVCEI). Seine Forschungsgebiete sind die Seismologie und Physikalische Vulkanologie, insbesondere der Vulkanismus in Süditalien (Vulkane Ätna und Stromboli) und Indonesien (Vulkane Krakatau, Merapi, Bromo und Batur).

Rolf Schick

ERDBEBEN UND VULKANE

Verlag C.H.Beck

Mit 18 Abbildungen

Die Deutsche Bibliothek – CIP-Einheitsaufnahme

Schick, Rolf:
Erdbeben und Vulkane / Rolf Schick. – Orig.-Ausg. –
München : Beck, 1997
(Beck'sche Reihe ; 2062 : C. H. Beck Wissen)
ISBN 3 406 41862 7
NE: GT

Originalausgabe
ISBN 3 406 41862 7

Umschlagentwurf von Uwe Göbel, München

Gesamtherstellung: C H. Beck'sche Buchdruckerei, Nördlingen
Gedruckt auf säurefreiem, alterungsbeständigem Papier
(hergestellt aus chlorfrei gebleichtem Zellstoff)
Printed in Germany

Inhalt

Einleitung

Reisen mit dem Schiff oder Flugzeug werden oft mit dem Satz beendet: „Endlich wieder festen Boden unter den Füßen". Doch wie fest ist dieser Erdboden wirklich? Abdrücke von Meeresmuscheln im Hochgebirge und fossile Überreste an sich tropischer Tiere in arktischen Gebieten geben einen unmittelbaren Hinweis auf die Beweglichkeit von Landmassen. Im Zeitmaßstab des menschlichen Lebens läuft dieser Vorgang im Normalfall allerdings unmerklich langsam ab. Nur gelegentlich kommt es im Transport der festen Gesteine zu Störungen. Erdbeben ziehen uns den anscheinend so stabilen Boden plötzlich unter den Füßen weg und Vulkanausbrüche zeigen, daß unser Leben sich offenbar nur auf einer dünnen Außenhaut der Erde abspielt. Wir sprechen dann von „Naturkatastrophen", aber ist der Ausdruck wirklich berechtigt? Der Mensch wird nicht vom Erdbeben, sondern von herabfallenden Trümmern seiner Häuser erschlagen, und Vulkanausbrüche tragen mehr zur Erhaltung des Lebens als zu seiner Vernichtung bei. Nur über den Vulkanismus wird das Wasser in den Ozeanen erhalten. Die fruchtbarsten Felder und Böden findet man in Vulkangebieten.

Die Bewegungen und Deformationen der festen Erde resultieren aus ihrer inneren Wärme und der gegebenen Temperaturverteilung. Sie ist einzigartig unter den Himmelskörpern unseres Sonnensystems, und obwohl der Erdwärmestrom nur ein achtzehntausendstel des solaren Wärmeflusses beträgt, ist er für das menschliche Leben eine genauso wichtige Voraussetzung wie die Wärme und Licht spendende Sonne. Unter unseren Füßen arbeitet eine Wärmekraftmaschine. Ohne ihren Antrieb mit gebirgsbildenden Kräften würde in einigen zehn Millionen Jahren die Erdoberfläche unter einem geschlossenen Ozean verschwinden, und kein Vulkan würde mehr Kohlendioxid nachliefern, das zur Erhaltung eines gemäßigten Weltklimas und zur Photosynthese unerläßlich ist. Mit der Abkühlung der Erde erlöschen in etwa 500 Millionen Jahren diese „Tektonik“ genannten Prozesse und werden damit, lange bevor die Energie der Sonne erschöpft ist, das Leben auf der Erde begrenzen.

Das vorliegende Buch beschäftigt sich mit sporadisch und schnell ablaufender Tektonik, wozu Erdbebenherde und Vulkane gehören. Beide Phänomene sind mit komplexer und irreversibler Dynamik verbunden, was einer quantitativen Beschreibung immense Probleme bereitet. Die Ursachen für Erdbeben und Vulkanausbrüche liegen in einem der unmittelbaren Beobachtung nicht zugänglichen, tieferen Erdinneren und können nur über indirekt arbeitende Verfahren untersucht werden. Jedes Erdbeben und jeder Vulkanausbruch ist ein einmaliger, nicht reproduzierbarer Vorgang, der zeitlich nicht vorher bestimmt werden kann.

Unter diesen Umständen ist es verständlich, daß Erdbeben und vulkanische Ereignisse mathematisch-physikalisch nur näherungsweise und mit Hilfe idealisierter Modellvorstellungen beschrieben werden können. Für den Erdwissenschaftler bleibt es aber dennoch faszinierend, welche Ordnung und Regelmäßigkeit trotz aller chaotisch erscheinenden Dynamik in diesen Prozessen gefunden werden kann.

Dieses Buch beginnt mit einer Einführung in den Aufbau und den Wärmehaushalt der Erde und die daraus folgende Geodynamik. Anschließend an die historische Entwicklung zum heutigen Kenntnisstand von Erdbeben und Vulkanen werden deren wesentliche Ursachen und Auswirkungen und die Möglichkeiten zur Vorhersage diskutiert. Ein Verzeichnis gibt weiterführende Literatur an und enthält eine Beschreibung und einen Wegweiser zu aktuellen Erdbeben- und Vulkaninformationen im World Wide Web des elektronischen *Internet*-Informationssystems.

I. Wie fest ist die „feste" Erde?

1. Die Erdwärme

Fährt man an einem kalten Wintertag in den Schweizer Gotthardtunnel ein, so schlägt einem nach kurzer Wegstrecke durch das geöffnete Wagenfenster warme, fast subtropische Luft entgegen. Erstaunlicherweise wurde man erst Anfang des 19. Jahrhunderts auf diese aus dem tiefen Erdinneren global aufströmende Wärme aufmerksam. Zwar waren rotglühende Vulkanlaven und heiße Quellen schon viel früher bekannt, doch hielt man diese Erscheinungen für ein lokal auftretendes Durchbrechen eines nahe unter der Erdoberfläche brennenden Feuers. Diese Anschauung änderte sich erst um das Jahr 1830, als bei einem genügend tief in die Erde eindringenden Schacht eines Erzbergwerkes in Sachsen, also weit außerhalb von Vulkangebieten und unterirdischen Kohlelagerstätten, eine stetige Temperaturzunahme von 1° C pro 30 m Erdtiefe gemessen werden konnte. Ähnliche Werte wurden wenig später in französischen und englischen Bergwerken gefunden. Aus heutiger Sicht handelt es sich um überraschend präzise Bestimmungen der durchschnittlichen geothermischen Tiefenstufe in Mitteleuropa.

Woher kommt nun die Erdwärme? Die Ansichten über die thermische und stoffliche Entwicklung unseres Planeten sind auch heute noch teilweise recht kontrovers. Bei der Mehrheit der Erdwissenschaftler zeichnet sich jedoch folgendes Bild ab: Die Erde, wie auch die anderen Planeten unseres Sonnensystems, hat sich vor etwas über 4,6 Milliarden Jahren durch ein schnelles Aufeinandertreffen von sog. *Planetesimalen*, Zusammenballungen von kosmischem Staub zu Körpern von etwa 10 bis 100 km Größe, gebildet. Die Planetoiden zwischen Mars und Jupiter werden z. B. als ein nicht zu einem Planeten verbundener Gürtel von Planetesimalen angesehen. Beim Aufprall der Körper auf den im Volumen anwachsenden Erdball wurde die Bewegungsenergie in Wärmeenergie umgesetzt. Bei den hohen Temperaturen bildeten sich Schmelzen, wodurch in einem relativ kurzen Zeitraum von vielleicht 100 Millionen Jahren im Gravitationsfeld der entstehenden Erde eine Entmischung nach dem spezifischen Gewicht eintrat. Es entstand ein eisenreicher, schwerer Erdkern, über den sich die leichteren Gesteinssilikate zum Erdmantel lagerten. In dieser Epoche besaß die Erde ein Höchstmaß an Wärmeenergie mit maximalen Temperaturen. Kühlt sich die Erde seither ab?

Betrachten wir zuerst die für die Wärmeabgabe verantwortlichen Faktoren. Der Erdball gibt Wärme über Abstrahlung von seiner Oberfläche an den Weltraum ab. Der Wärmeverlust hängt vor allem vom Verhältnis der Oberfläche (o) des Planeten zu seiner die Wärme tragenden Masse (m) ab. Je größer die Zahl von o/m, umso effektiver ist die Abgabe thermischer Energie. Wird das Verhältnis o/m für die Erde gleich 1 gesetzt, dann ergibt sich für den Erdmond 6, für den Mars 2.5 und für die Venus 1.1. Dies ist der wesentliche Grund, warum die Tektonik auf dem Mond schon seit über einer Milliarde Jahren und auf dem Mars vermutlich seit mindestens hundert Millionen Jahren eingefroren ist. Unter Tektonik versteht man die von den im Inneren eines Planeten wirkenden Kräften hervorgerufenen Deformationen und Massenbewegungen. Ohne Tektonik gibt es aber, sieht man von den auf die Planetenmonde einwirkenden Gezeitenkräften ab, weder Erdbeben noch Vulkanismus.

Im Gegensatz zum Mond oder Mars befindet sich die Erde seit einer Milliarde Jahren in einem Zeitraum, in dem Tektonik stattfindet. Der Temperaturverlauf in der Erde ist so gestaltet, daß sich bei der stofflichen Zusammensetzung der Erde unter der weitgehend starren Decke, der „kalten Lithosphäre", eine sich plastisch und fließfähig verhaltende „heiße Astenosphäre" ausbilden konnte. Unter diesen Bedingungen setzen Materialströmungen in Form thermischer Konvektionszellen ein, mit denen Wärme aus dem Inneren der Erde nach außen transportiert wird.

Der Erdmantel stellt eine große Wärmekraftmaschine dar, bei der mit dem Wärme- und Massentransport der tiefliegenden, heißen Gesteine an die kühlere Erdoberfläche mechanische

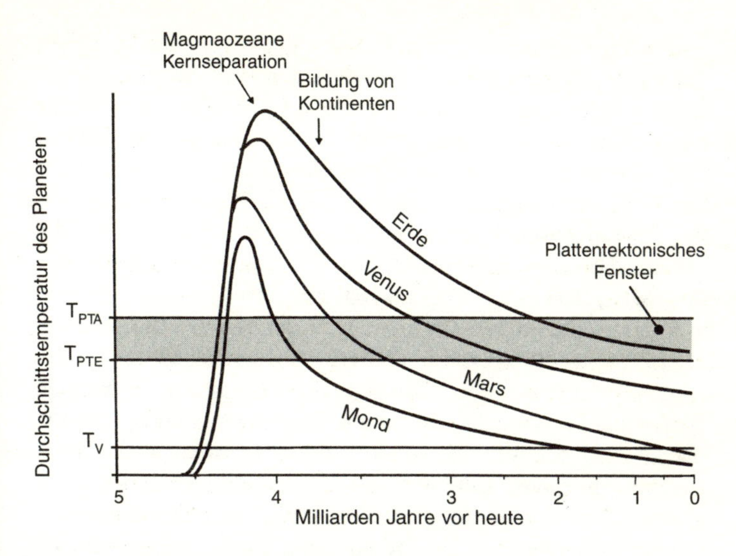

Die thermische Entwicklung terrestrischer Planeten.
Die Abb. zeigt qualitativ den zeitlichen Verlauf der durchschnittlichen Temperatur terrestrischer Planeten und des Erdmondes seit ihrer Bildung bis heute. Die Kurve für den Planeten Merkur liegt nahe der Mondkurve. T_{PTA} und T_{PTE} sind die Anfangs- und Endtemperaturen, innerhalb derer Konvektion zum Antrieb der Plattentektonik möglich erscheint. T_V ist die Grenztemperatur für das Auftreten von Vulkanismus.
(Zchg. Peter Schick, nach einer Vorlage von D. Chester)

Kräfte verbunden sind. Die für den Menschen spektakulären Auswirkungen dieser Kräfte sind Erdbeben und Vulkane. Weniger auffällig, aber für die Erde genauso bedeutende Resultate, sind die Verschiebung von Kontinenten, die Bildung neuer Ozeanböden und die Auffaltung von Gebirgen. Alle unter der Überschrift „Plattentektonik" ablaufenden Vorgänge beruhen auf diesen Wärmezellen. Wie aus dem täglichen Leben bekannt, ist die mit Materialtransport verbundene Wärmeübertragung viel effektiver als die über Wärmeleitung. Mit den Konvektionszellen des Mantels wird deshalb der Hauptteil der Erdwärme an die Oberfläche geleitet, von wo aus sie an den Weltraum abgestrahlt wird.

Die Wärmeverluste müssen nicht allein von der Urwärme der Erde getragen werden. Im Zerfall radioaktiver Elemente in Erdkruste und Erdmantel enthält der Erdball auch heute noch Wärmequellen. Als Produzenten radiogener Wärme kommen in der Reihenfolge ihrer Bedeutung im wesentlichen nur noch die langlebigen Elemente Uran^{238}, Thorium^{232}, Kalium^{40} und Uran^{235} in Frage. Die Elemente mit den großen Ionenradien (z.B. Uran) sind in den Graniten der Oberkruste um zwei Größenordnungen stärker angereichert als im Erdmantel. Trotzdem ist die im Erdmantel produzierte Wärmemenge wegen des gegenüber der Kruste mächtigeren Volumens aber bedeutender. Vermutlich existieren noch weitere Wärmequellen in der Erde. Einige Überlegungen deuten darauf hin, daß der im wesentlichen aus Eisen und Nickel zusammengesetzte, „flüssige" äußere Erdkern frei von radioaktiven Zerfallsprodukten ist. Zur Aufrechterhaltung des erdmagnetischen Feldes, des Erddynamos, ist aber eine schnelle Konvektionsströmung im Kern Voraussetzung. Der dazu notwendige Temperaturgradient wird offenbar durch die beim „Ausfrieren" von flüssigem Eisen am festen inneren Kern entstehende latente Schmelzwärme aufrechterhalten.

In neuerer Zeit werden umfangreiche und weltumspannende Messungen zum terrestrischen Wärmestrom vorgenommen, die eine repräsentative Abschätzung der Wärmeabgabe der Gesamterde erlauben. Gegenüber dem Stand von 1970 geht man heute mit 80 mW/m^2 von einem fast doppelt so hohen mittleren Wärmestrom für die Erde aus. Bei diesem Wert ist die Wärmeabgabe der Erde deutlich größer als die heutige Wärmeproduktion über radioaktiven Zerfall. Mit der Abnahme der globalen Wärmeenergie muß aber nicht unbedingt eine unmittelbare Temperaturabnahme verbunden sein, da noch genügend latente Schmelzwärme im äußeren Erdkern vorhanden ist. Langfristig gesehen kühlt sich die Erde aber ab. Nach Abschätzungen verläßt sie in etwa 500 Millionen Jahren den Zustand, in dem Tektonik stattfinden kann.

2. Aufbau der Erde und Plattentektonik

Der Aufbau der Erde ist dominierend vertikal ausgerichtet. Entlang horizontaler oder meist nur flach einfallender Grenzflächen treffen Gesteine verschiedener chemischer Zusammensetzung oder mit unterschiedlichen physikalischen Zustandsparametern aufeinander. Unsere Kenntnisse über die innere Struktur der Erde stammen vorwiegend aus Untersuchungen über die Ausbreitung seismischer Wellen, die von Erdbeben oder Sprengungen angeregt werden. Erstmals wurde eine Schichtgrenze oder *Diskontinuität* im Jahre 1909 von dem Jugoslawen Andrija Mohorovicic entdeckt. Sie wird abkürzend *Moho-Diskontinuität* genannt und trennt das leichtere Gestein der Erdkruste von dem darunter liegenden und spezifisch schwereren Material des Erdmantels. Die Tiefenlage der Moho ändert sich typisch zwischen Hochgebirge, Flachland und Ozean. So beträgt beispielsweise die Mächtigkeit der Erdkruste unter dem Westalpenbogen ca. 60 km, in Süddeutschland ca. 30 km und in der Tiefsee des Atlantischen Ozeans ca. 6 km. Im Jahre 1911 fand der deutsche, später in die USA ausgewanderte Seismologe Beno Gutenberg eine weitere Grenzfläche in 2900 km Tiefe. Hier handelte es sich um die schon früher vermutete Trennung zwischen den festen Silikatgesteinen des Erdmantels und einem flüssigen, im wesentlichen aus Eisen und Nickel bestehenden Erdkern. Die Dänin Inge Lehmann entdeckte 1936 noch die Abgrenzung zu einem inneren Erdkern, dessen Aggregatzustand sich gegenüber dem äußeren Kern als fest erwies.

Mit diesen Erkenntnissen war der Schalenaufbau der Erde in großen Zügen bekannt, die vielfältige Gestalt der Erdoberfläche ließ sich jedoch nicht damit erklären. Warum zeigt die äußerste Schale der Erde mit Flachland, Gebirgen, Inselbögen, Ozeanbecken und Tiefseerinnen eine so heterogene und von der Radialsymmetrie der Erdkugel abweichende Struktur? Warum sind Erdbeben und Vulkanismus nicht gleichmäßig über die Erde verteilt? Aus Funden fossiler Meeresmuscheln im Hochgebirge der Alpen und aus Geröllansammlungen in

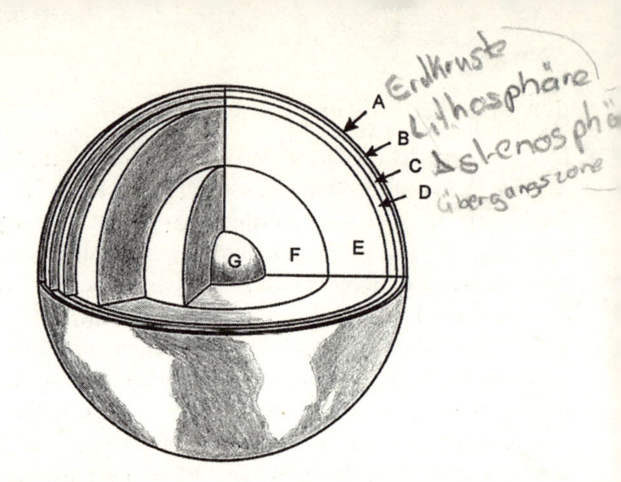

Der Schalenaufbau der Erde.
A: Erdkruste. Mächtigkeit 6 km unter dem Ozean (vorwiegend Basalte), 30..60 km im Kontinent (obere Kruste Granite und Gneise, untere Kruste Basalte). Die Moho-Diskontinuität trennt die Erdkruste vom darunter liegenden Erdmantel, der sich vorwiegend aus den ultrabasischen Gesteinen Olivin, Pyroxen und Granat zusammensetzt.
B: Lithosphäre. Tiefenbereich 0–80 km ..150 km
C: Astenosphäre. Tiefenbereich 80..150 km–400 km
D: Übergangszone der Gesteine in Hochdruckmodifikationen. Tiefenbereich 400 km–660 km
E: Unterer Erdmantel. Tiefenbereich 660 km–2900 km
F: Äußerer Erdkern. Tiefenbereich 2900 km–5150 km. Vorwiegend Eisen, zusätzlich Nickel, Sauerstoff und/oder Schwefel. Sehr niedere Viskosität, „flüssig".
G: Innerer Erdkern. Tiefenbereich 5150 km–6371 km. Eisen mit einigen Prozent Nickel. Nach neueren Untersuchungen rotiert der feste innere Kern gegenüber der äußeren Erde etwa einmal im Jahrhundert um seine Achse.
(Zchg. Peter Schick, nach einer Vorlage von K. Strobach)

ihrem Vorfeld wurde schon früh auf vertikal ablaufende Hebungen und Senkungen geschlossen, doch wurden diese Beobachtungen mit einer durch die thermische Abkühlung im Radius schrumpfenden Erde in Verbindung gebracht. Die im Jahre 1912 von dem deutschen Meteorologen Alfred Wegener aufgestellte Theorie zur großräumigen Wanderung der Kontinente wurde zwar beachtet und viel diskutiert, aber nur von wenigen Wissenschaftlern akzeptiert. Der Argwohn war durchaus berechtigt. Dem Erdmantel mußte eine hohe Steifigkeit zugeordnet werden. Anderenfalls wäre die sich über viele Millionen Jahre erstreckende, stabile vertikale Verankerung von Hochgebirgen, wie dem Himalaya oder den Alpen, nicht verständlich. Unter dieser Annahme mußte die horizontale Verschiebung ganzer Kontinente ausgeschlossen werden, da sie unvorstellbar hohe Schubkräfte gegenüber der Zähigkeit des Erdmantels benötigt hätte.

Nach dem Ende des Zweiten Weltkrieges begann eine intensive Erforschung der Ozeane und des Meeresbodens. Der Mittelatlantische Rücken wurde als ein sich von der Arktis zur Antarktis hinziehendes, aus Basaltgesteinen aufgebautes und meist unter dem Meer liegendes Gebirge erkannt. Der pazifische und der indische Ozean zeigten ähnliche submarine Gebirgsstrukturen. Zaghafte Versuche, ihr Entstehen mit dem Aufdringen basaltischer Schmelzen entlang von Zerrungsspalten aus dem Erdmantel in die dünne ozeanische Erdkruste in Verbindung zu bringen, wurden kontrovers diskutiert. Das Rätsel wurde erst gelöst, als die englischen Geophysiker Fred Vine und Drummond Matthews 1964 eine schlüssige Interpretation zu den abwechselnd positiv und negativ auftretenden magnetischen Anomalien in der remanenten Magnetisierung von Gesteinen entlang dieser Schwellen fanden. Die Magnetisierungsrichtungen waren im Einklang mit bekannten Polumkehrungen des erdmagnetischen Feldes und bestätigten so die Annahme einer in den Rücken aufdringenden und nach den Seiten mit einer Geschwindigkeit von einigen Zentimetern pro Jahr weggleitenden Basaltschmelze. Das Konzept des *sea-floor spreading* (der deutsche Ausdruck „Meeresbodenspreizung“ wird selten verwendet) war geboren, und alle späteren Untersuchungen bestätigten diesen Mechanismus. Ständig aus dem Erdmantel aufsteigendes Magma müßte allerdings eine Vergrößerung der Erdoberfläche mit sich bringen. In den Geowissenschaften wurde immer wieder die Möglichkeit einer expandierenden, also sich vergrößernden, Erde diskutiert, und die Entdeckung des

Sea-floor spreading gab den Anhängern dieser Theorie für kurze Zeit enormen Auftrieb. Wenig später jedoch fand man den zum Sea-floor spreading komplementären Prozeß. Die Seismologen Wadati und Benioff aus Japan und den USA hatten schon etliche Jahre zuvor an Kontinenträndern und Inselbögen auftretende, eigenartige Anhäufungen von Erdbeben entlang von tief in den Erdmantel eindringenden, schmalen Zonen entdeckt. Jetzt lag die Vermutung nahe, diese Erdbeben könnten den Weg von in die Erde absinkenden Gesteinsplatten markieren.

Damit war der Weg frei zur Entwicklung eines Konzepts, welches die großen, auf der ganzen Erde zu findenden Strukturen in vielen wesentlichen Punkten erklärt. Man spricht heute allgemein vom Modell der *Plattentektonik*. An seiner Gestaltung waren viele Forscher beteiligt. Eine erste geschlossene und überzeugende Modelldarstellung wurde 1968 fast gleichzeitig von dem Engländer Dan McKenzie und dem Amerikaner Jason Morgan aufgestellt, mit deren Namen diese Entdeckung heute verbunden wird.

Ein fundamentales Element der Plattentektonik ist ein zuvor wenig beachteter, in etwa 100 km Tiefe stattfindender „verschmierter“ Übergang, der sich in der Temperatur, besonders aber in der Viskosität, dem Fließverhalten, des Gesteins widerspiegelt. Teilt man die Erde nach diesen Kriterien ein, so erhält man für die obersten 660 km eine Zweiteilung: Eine kühle, mechanisch widerstandsfähige, spröde und bruchfähige äußere Schicht, die Lithosphäre, die über einer heißen, sich gegenüber langanhaltenden Kräften plastisch und fließfähig verhaltenden Astenosphäre liegt. Die Lithosphäre schließt die Erdkruste und Teile des oberen Erdmantels ein. Wird sie von kontinentaler Erdkruste bedeckt, spricht man von kontinentaler Lithosphäre, sonst von ozeanischer Lithosphäre. Die gesamte Lithosphäre der Erde wird nun in einzelne, gegeneinander abgegrenzte Lithosphärenplatten (kurz „Platten“ genannt) aufgeteilt. Diese Platten werden zunächst als in sich mechanisch starr betrachtet, können aber von der Strömung der Astenosphäre mitbewegt werden. Da die als

Gleitschicht wirkende Übergangszone von der Lithosphäre zur Astenosphäre tiefer liegt als die Moho, die die Übergänge von Kontinenten zu Ozeanen markiert, fallen die Plattengrenzen nicht immer mit kontinentalen Grenzen zusammen. Obwohl in diesem Konzept das Innere der Platten als starr und nicht deformierbar angesetzt wird, läßt man an den Plattenrändern Deformationen zu. Diese Annahme erscheint zunächst wenig sinnvoll, doch war sie der Schlüssel zum Erfolg des Modells. Ist nämlich das großtektonische Geschehen auf der Erde an Plattenränder gebunden, so werden die Plattengrenzen durch alle damit verbundenen Prozesse, wie Gebirgs- und Grabenbildung, Erdbeben und Vulkane markiert.

Die Bewegungen der steifen Platten gegeneinander werden auf drei fundamentale Muster zurückgeführt:

1. Die Lithosphärenplatten bewegen sich divergent, d.h. voneinander fort. In die aufreißende Spalte dringt heißes, fließfähiges Material des Erdmantels ein, und es entsteht neue Erdkruste. Es handelt sich hierbei um den als Sea-floor spreading bezeichneten Prozeß. Beispiele sind die Mittelatlantische Schwelle, der Ostpazifische Rücken oder auch, in einem beginnenden Stadium, das Ostafrikanische Riftsystem.

2. Die Platten bewegen sich konvergent, also aufeinander zu. Bei der Kollision lassen sich drei Fälle unterscheiden: ozeanisch-ozeanisch, ozeanisch-kontinental, kontinental-kontinental. Der erste Fall ist mit der Bildung von Inselbögen verbunden, Beispiele sind Indonesien oder Japan. In den südamerikanischen Anden wird die ozeanische, pazifische Platte unter eine kontinentale Platte gedrückt. Am Kontinentrand bildet sich das langgestreckte Hochgebirge der Anden. Kollidieren zwei kontinentale Platten, so tritt keine Subduktion, sondern über die kompressiv wirkenden Kräfte in den nahezu gleich schweren und gleich mächtigen Platten Gebirgsbildung auf. Das Himalaya-Gebirge ist ein Beispiel für einen derartigen Zusammenstoß.

3. Die Platten gleiten entlang den Plattenrändern aneinander vorbei. Ein Beispiel dafür ist die bekannte San-Andreas-Verwerfung in Kalifornien.

Das Modell der Plattentektonik brachte eine befriedigende Ordnung in das Verständnis der großräumigen und globalen Strukturen auf der Erde. Man darf aber nicht vergessen, daß bei einer Betrachtung kleinerer Maßstäbe die Verhältnisse so komplex sein können, daß sie mit den geschilderten einfachen Prinzipien nicht mehr zu interpretieren sind. Beispielsweise ist die Tektonik der Alpen und des angrenzenden Mittelmeergebietes nur in groben Zügen mit den Elementen der Plattentektonik erklärbar.

II. Erdbeben

1. Frühere Vorstellungen und Entwicklungen zum „tektonischen Beben"

In den Mythen vieler Völker werden Erdbeben mit Bewegungen unterirdisch wohnender Tiere in Verbindung gebracht. Das dumpfe, rollende Geräusch, die Stöße aus dem Boden mit einer nachfolgenden, wellenförmigen Bewegung der Erdoberfläche, die zurückbleibenden Erdspalten, alle diese Erscheinungen ließen ein Ungeheuer in der Tiefe der Erde vermuten. In Japan war es ein Skorpion, in Indien ein Molch, bei den nordamerikanischen Indianern eine Schildkröte und bei den Maori in Neuseeland das Strampeln eines ungeborenen Kindes im Leib der Mutter Erde. In der griechischen Mythologie ist es der Meeresgott Poseidon, der als Erderschütterer oder Erdhalter gilt, was vermutlich mit dem Glauben zusammenhing, die Erde sei eine auf dem Wasser schwimmende Scheibe. Die von untermeerischen Erdbeben ausgelösten und an den Küsten des Mittelmeers oft zerstörerisch wirkenden Flutwellen bestärkten die Menschen in dieser Annahme.

Bekannte griechische und römische Philosophen und Naturforscher versuchten, auf der Grundlage von Naturbeobachtungen die Ursache von Erdstößen zu erklären. Einige dieser Ansichten waren nicht unsinnig. Anaxagoras (500–428 v. Chr.) führte Erdbeben auf Einbrüche der Erdrinde zurück, die teils infolge von Auswaschungen, teils infolge von Aushöhlungen der Gebirge durch unterirdische Feuer entstehen sollten. In der Theorie von Aristoteles (384–322 v. Chr.) hängen Erdbeben mit in unterirdische Höhlen eingeschlossener Luft zusammen. Durch das Bestreben der Luft, aus diesen Höhlungen zu entweichen, wird die Erde erschüttert.

Wie auch in anderen auf diesen bedeutenden griechischen Philosophen und Naturforscher zurückgehenden Vorstellungen folgte man in Europa bis in das ausgehende Mittelalter der aristotelischen Lehre der Erdbebenentstehung. Allerdings existierten auch zahlreiche Vertreter, die die Gedanken von

Aristoteles mit abergläubischen und phantastischen Lehrmeinungen fanatisch bekämpften oder zu einem göttlichen Strafgericht ergänzten. So kommt der flämische Chemiker van Helmont der Jüngere im Jahre 1682 nach einem heftigen Erdbeben am Niederrhein zu dem Schluß, ein Strafengel schlage die Luft und erzeuge einen Ton, der die Erde erzittern lasse. Doch offenbar war nicht jedermann von der mittelalterlichen Denkweise überzeugt. Der Erdbebenchronist J. Rasch schreibt im Jahr 1582 in München:

„Ob aber in dem erdreich darinnen, und in (Microcosmo) menschlichen Leib, als im himmel oder in lüfften, die hitz oder kält miteinander streiten, dadurch ein solch greulich erschröcklich stossen, schupffen, hupffen, zittern, werffen, fellen, saussen und pfnausen anrichten wie der donner und plitz, so komt von kelt und hitz. Oder, ob der Wind wider daz wasser oder das wasser wider den wind, oder, ein wind wider den andern, oder, ein wasser wider das andere, unter und gegeneinander sich setzen, anstossen und jrren. Oder, ob vielleicht ein Wassergang verfallen, verschoppet oder ob etwa in der erd ein gewölb eingegangen sey, oder dass die Erdgeister und Bergmännlein streiten oder dass der meerfisch Celebrant- sich recke und strecke, die erd also unmässig rühre und bewege, die auf jhm liege und ruhe, oder was doch ursacher sonst sey, dadurch und wess wegen der Erdboden also geblöet, getruckt, getrengt und gehebt wird- das ist bei allen gelehrtesten, berümbtesten Naturforschern noch unerörtert.“

Mit der Entdeckung der Elektrizität wurden Erdbeben vielfach elektrischen oder galvanischen Ursachen zugeschrieben. Zum Schutz vor Bodenerschütterungen wurde der Bau pyramidenförmiger Gebäude vorgeschlagen, die als Ableiter der angenommenen unterirdischen Gewitter wirken sollten.

Anfang des 19. Jahrhunderts führten Alexander von Humboldt und Leopold von Buch ausgedehnte Reisen in Vulkangebiete durch. Dabei konnten sie beobachten, daß Vulkanausbrüche von zahlreichen, meist schwachen Erdbeben begleitet waren, während Starkbeben außerhalb vulkanischer Regionen auftraten. In Weiterführung der Vorstellung von

Aristoteles erlag Humboldt dem noch in den Schulbüchern des 20. Jahrhunderts verbreiteten verhängnisvollen Irrtum, Erdbeben entstünden durch die Kräfte unterirdisch eingespannter und expandierender vulkanischer Gase. Humboldt schreibt: „Man möchte sagen, die Erde werde umso heftiger erschüttert, je weniger Luftlöcher die Oberfläche des Bodens hat". Humboldt sah in Vulkanen Sicherheitsventile zur Entladung der über den Erdball verteilten vulkanischen Kräfte. Das hohe Ansehen der Person Humboldts führte zu einer raschen Verbreitung seiner Ideen. In dieser „Schule der Plutonisten" wurden Erdbeben und Vulkanismus als eine Einheit betrachtet. Es gab zunächst nur wenige Gegenstimmen. Einer der prominentesten Kritiker der Plutonisten war der an der Universität Frankfurt lehrende Georg Heinrich Otto Volger. Nach umfangreichen Arbeiten zu Erdbeben in der Schweiz veröffentlichte er 1858 eine Schrift mit dem Titel „Erörterungen, kritische Besprechungen in Bezug auf die in neuerer Zeit mit Vorliebe aufgestellte vulkanische und plutonische Theorie". Volger leugnete zwar keineswegs die Existenz vulkanischer Beben, sah aber die Ursache von Erdbeben außerhalb vulkanischer Gebiete im Einsturz unterirdischer, durch Auslaugung von Wasser entstandener Höhlen. Seine Ansichten gingen als „Hohlschichtenhypothese" in die Literatur ein. Volger schloß sich mit dieser Meinung der „Schule der Neptunisten" an, also einer Gruppe von Geologen, für die Sedimentation und chemische Ausfällungen aus Wasser eine der Hauptursachen für Veränderungen im Antlitz der Erde darstellten. Plutonisten und Neptunisten bekämpften sich heftig in ihren Lehrmeinungen, wobei jede Seite unnachgiebig auf der Richtigkeit ihrer Ansichten beharrte.

Von derartigen Meinungen unberührt, arbeitete ab etwa 1865 eine österreichische Gruppe von Alpengeologen und Erdbebenforschern unter der Führung des berühmten Wiener Geologen Eduard Suess an einem ganz anderen Konzept zur Erklärung der Ursache und des Ablaufs von Erdbeben. Bei Erdstößen im Alpenraum erkannten sie einen auffälligen Zusammenhang zwischen der Streckung der Schüttergebiete von

Beben, d.h. der Zone größter Erschütterungen, und geologisch bekannten Verwerfungs- und Bruchlinien. Bei der Bestimmung der Lage aufeinanderfolgender Erdbeben in Kalabrien (Süditalien) fand Suess eine systematische Reihung der Herdlagen entlang tektonischer Störungen, Dislokationslinien genannt. Erstmals wurden von dieser Gruppe Erdbeben und ihre Auswirkungen mit dem geologischen und tektonischen Bau des heimgesuchten Gebietes in Verbindung gebracht. Dislokationen bei einer geologischen Verwerfung bedeuten einen räumlichen Versatz früher zusammenhängender Erdschichten entlang einer durch diese Verschiebung neu entstandenen Grenzfläche.

Der an der Universität Graz lehrende Rudolf Hoernes, ein Neffe von Eduard Suess, schrieb 1893 nach einer Untersuchung von Erdbeben im Vorderen Orient: „Es unterliegt sonach keinem Zweifel, dass die in Palästina und Syrien so häufigen und so verheerenden seismischen Erscheinungen als tektonische Beben betrachtet werden müssen, welche mit der gewaltigen Dislocation ... (des Jordangrabens) ... zusammenhängen und es ist klar, dass die Beben der Jordanländer keineswegs auf Einsturzerscheinungen zurückgeführt werden dürfen ... wir erkennen den innigen Zusammenhang zwischen den Bewegungen im Feldgerüste und jenen Erschütterungen, welche wir als tektonische oder Dislocations-Beben bezeichnen." Obwohl Hoernes sich bewußt war, daß Einsturz- und vulkanische Beben gegenüber den von ihm als tektonisch bezeichneten Beben sowohl in Stärke wie in Anzahl eine bedeutungslose Minderheit darstellten, schlug er die bis heute erhaltene Klassifizierung vor, nach der es drei Arten von Erdbeben gibt: Einsturzbeben, vulkanische Beben und tektonische Beben. Die beiden ersten Kategorien schloß er mit ein, um sich nicht unsinnigen Angriffen ihrer jeweiligen Anhänger auszusetzen. Vermutlich wäre diese Vorsicht aber gar nicht nötig gewesen. Innerhalb kurzer Zeit wurde über eine Vielzahl von Gesteinsverstellungen an Erdbebenspalten berichtet. Im Neo-Tal in Japan wurden während eines Erdbebens 1891 entlang einer über mehrere Kilometer gestreckten Linie Dammwege in

Reisfeldern um vier Meter horizontal versetzt. Einen letzten und eindeutigen Beweis für die tektonische Natur von Erdbeben erbrachte das große Beben von San Francisco im Jahre 1906. Durch einen glücklichen Umstand hatten vor diesem Beben in dem später betroffenen Gebiet umfassende kartographische Arbeiten stattgefunden. Aus einem Vergleich mit anschließend vorgenommenen geodätischen Vermessungen entwickelte Harry Fielding Reid, Professor für Geologie an der Johns Hopkins University in Baltimore, USA, seine berühmt gewordene Theorie des „elastischen Zurückschnellens" (engl. elastic rebound). Sie erklärt die Kinematik und Mechanik, die einem Erdbeben zugrunde liegt. Seine Vorstellungen sind auch heute noch gültig. Zweifellos, das Wort Erdbeben beinhaltet nur das Auftreten einer Erderschütterung, und diese kann viele Ursachen besitzen. Bis ins späte Mittelalter nannte man alle Arten natürlicher Boden- und Gebäudeerschütterungen „erdbidem", ein Begriff, aus dem das Wort „Erdbeben" hervorging. Der Ausdruck wurde auch für Hangrutschungen, Karsteinbrüche und selbst für starke Stürme benutzt. Heute bezeichnet man nur die nach der Reidschen Interpretation ablaufenden Prozesse als tektonische Erdbeben oder einfach als Erdbeben.

2. Mechanik der Erdbebenbrüche

Das Erdbebenmodell von Reid soll nun detaillierter betrachtet werden. Stellen wir uns vor, in der Nähe von San Francisco werden im Anschluß an ein dort aufgetretenes Erdbeben quer über die San-Andreas-Verwerfung eine Anzahl Baumreihen gepflanzt. Es muß nicht die San-Andreas-Verwerfung sein, aber die Demonstration gelingt hier besonders gut. Schon nach wenigen Jahren lassen sich mit bloßem Auge zu beiden Seiten der Verwerfung auftretende Verstellungen erkennen. Der trennende Riß verläuft in Nord-Süd-Richtung und ist eine von vielen, meist vertikalen Trennfugen zwischen der westlichen, pazifischen Platte und der östlichen, nordamerikanischen Platte. Die Parallelverschiebung beider Platten beträgt etwa 6 cm/Jahr. Die Erde wird wie eine elastische Feder aufgespannt und speichert mit ihrer Deformation potentielle Energie. Entlang der Bruchlinie wird das Material maximal auf Scherung belastet. Diese Scherspannungen müssen von der zwischen den Blöcken herrschenden Festigkeit des Materials aufgenommen werden. Die Festigkeit basiert vor allem auf Adhäsion und Haftreibung der gegenüberliegenden Blöcke. Übersteigen die Scher- oder Tangentialspannungen diese Materialfestigkeit, so tritt ein Materialbruch an der Nahtstelle ein. Man spricht von einem *Scherbruch*, da er durch Scherspannungen erzeugt wurde. Der neue Bruch muß nicht unbedingt der alten Bruchlinie folgen. Entlang der bestehenden Verwerfung ist jedoch das Material im Verhältnis zur Umgebung besonders stark zerrüttet und stellt eine Schwächezone dar, so daß Neubrüche vorzugsweise den früher gebildeten Gleitflächen folgen. Durch diesen Verstärkungseffekt bildet sich auch erst eine tektonische Verwerfung aus. Während des Bruchvorganges wird die Haftung zwischen den Blöcken drastisch herabgesetzt, und die Blöcke können sich entlang der Fuge nahezu frei bewegen. Wie eine aus ihrer Einspannung befreite Stahlfeder springen die Gesteinsblöcke in eine neue Gleichgewichtslage. Innerhalb weniger Sekunden oder Minuten holt die Natur sprunghaft einen Dislokationsbetrag nach, der bei einem reibungsfreien Gleitvorgang gleichmäßig in Jahrzehnten oder Jahrhunderten abgelaufen wäre. In der neuen Gleichgewichtslage verhaken sich die Blockränder wieder, erreichen eine neue Festigkeit, und der Vorgang des Aufladens mit Deformationsenergie kann erneut beginnen. Die vor und nach dem Bruch im Gesteinsverband wirkenden statischen Kräfte werden während des Bruchvorgangs in Beschleunigungskräfte, also dynamische Kräfte, umgesetzt. Mit diesen Kräften ist nicht mehr statische Energie, sondern kinetische Energie verbunden. Dies ist die wesentliche Aussage von Reid aus dem Jahre 1910. Reid konnte aber keine Erklärung für die Herkunft der wirkenden Kräfte geben. Allerdings machte man sich damals auch wenig Gedanken darüber, da mit dem Postulat einer abkühlenden und schrumpfenden Erde genügend

Ausgangszustand:
Zwei Gesteinsblöcke grenzen entlang einer Verwerfung (gestrichelte Linie senkrecht zur Baumreihe) aneinander. Die geradlinige Baumreihe markiert einen ungespannt angenommenen Ausgangszustand.

Aufspannung:
Beidseitig der Verwerfung werden die Blöcke durch das Scherkräftepaar deformiert. Entlang der Verwerfung treten maximale Scherkräfte auf.

Scherbruch:
Die Scherfestigkeit des Gesteins entlang der Verwerfung wird überschritten, und ein Bruch setzt ein. Es kommt zu einer ruckartigen Dislokation entlang der Verwerfungslinie.

Endzustand:
Durch *elastisches Zurückschnellen* stellt sich in den Blöcken ein neuer und entspannter Gleichgewichtszustand ein. Er entspricht dem Ausgangszustand.

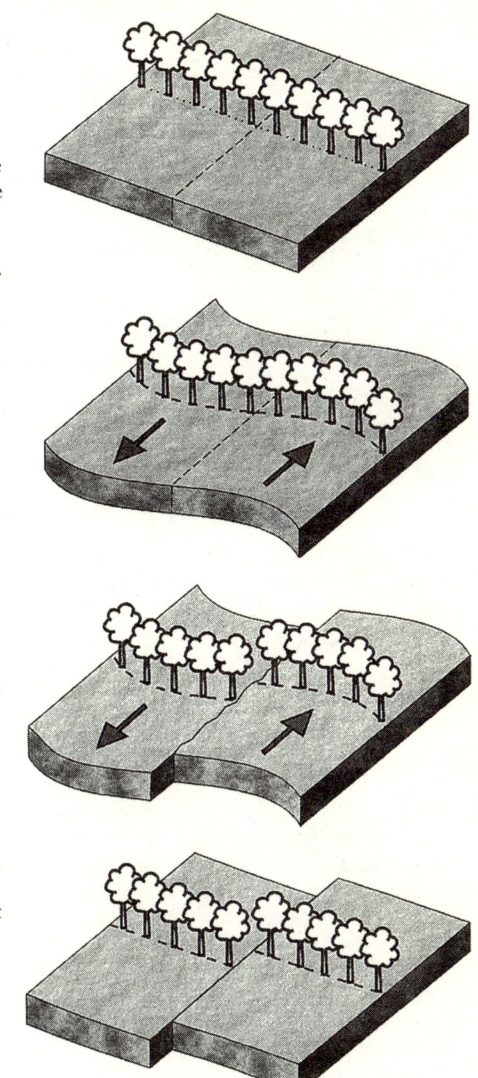

Erdbeben als Folge eines ruckartigen Versatzes mechanisch gespannter Gesteinsblöcke. *(Zchg. Peter Schick)*

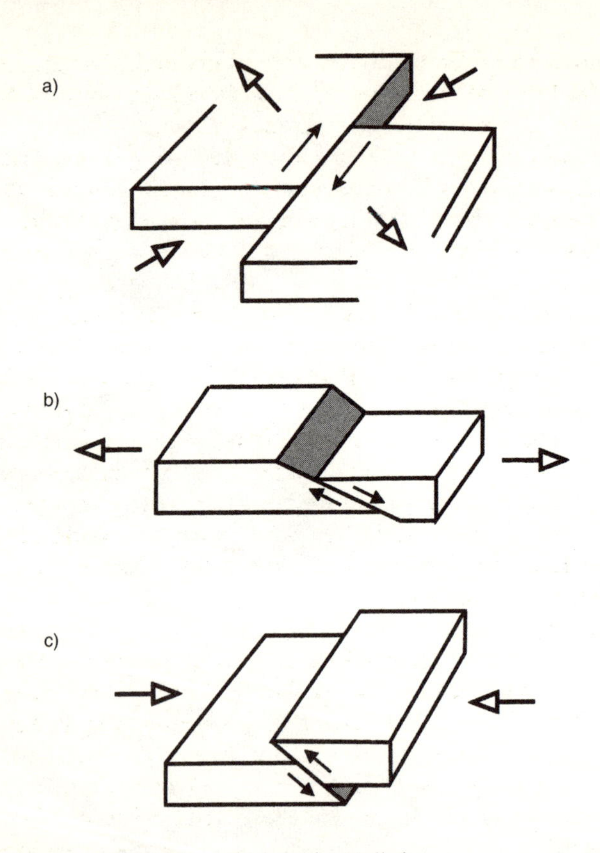

Grundmuster der Blockverschiebung bei Erdbeben.
Die Lage der Scherfläche des Erdbebenherdes steht in Zusammenhang mit der Richtung des im Herdgebiet wirkenden tektonischen Spannungsfeldes, welches durch den Spannungstensor beschrieben wird.
a) Horizontalverschiebung. Kompression und Dehnung sind horizontal gerichtet, was zur Ausbildung einer horizontalen Dislokation an einer vertikal stehenden Scherfläche führt. Die Beben in Mitteleuropa zeigen bevorzugt dieses Bruchmuster.
b) Abschiebung. Die Dehnung ist horizontal, die Kompression vertikal gerichtet. Erdbeben dieses Typs sind mit einer Grabenbildung verbunden. Die horizontale Weitung begünstigt das Aufsteigen von Magma.
c) Aufschiebung. Die Kompression ist horizontal, die Dehnung vertikal gerichtet. Erdbeben dieses Typs sind mit der Auffaltung von Gebirgen verbunden.

Spielraum für zu Erdbeben führende Klüfte und Risse gegeben war. Im Licht der modernen Plattentektonik läßt sich die Ursache von Erdbebenherden so zusammenfassen:

Wir haben in der Erde eine thermodynamische Maschine vor uns, welche aus Wärmeenergie mechanische Impulse, d.h. Erdbeben, erzeugt. Die im fließfähigen Erdmantel ablaufende Wärmekonvektion führt in der an den Mantel angekoppelten, kalten und vom Material her spröden Lithosphäre zu einer Speicherung potentieller Energie in Form einer langsam anwachsenden Gesteinsdeformation. Ein im Gestein erfolgender Scherbruch transformiert die potentielle Energie in einen Impuls kinetischer Energie. Ein Teil der erzeugten Bewegungsenergie führt zu jenen Erschütterungen der Erdoberfläche, die wir als Erdbeben bezeichnen. Dieser Auf- und Entladeprozeß findet oft in Zyklen, sog. *Erdbebenzyklen*, von unterschiedlichen Zeitkonstanten statt. Die typischen Akkumulationszeiten großer Erdbeben betragen um hundert Jahre, die Entladung liegt im Minutenbereich.

Derartige Lade-/Entladezyklen mit Energieumwandlung sind in der Natur nicht selten. Blitze, Wirbelstürme, Hangrutschungen, Lawinen und Vulkanausbrüche basieren auf ähnlichen Abfolgen. Der Schalter oder *Trigger*, der die Energiekonversion einleitet, beruht auf einer Instabilität oder Nichtlinearität im Systemverhalten. Beim Einsatz der Blitzentladung ist es die elektrische Durchschlagsfähigkeit der Atmosphäre, beim Erdbeben die Scherfestigkeit des Gesteins, beim Vulkanausbruch können es Strömungsinstabilitäten im Magmafluß sein.

Die Auswertungen von Reid und seinen Mitarbeitern zum großen San-Francisco-Erdbeben von 1906 können als die Geburtsstunde der modernen Erforschung und Beschreibung von Erdbebenherden angesehen werden. In dem auch heute noch gängigen Begriff der „Reidschen Scherbruchhypothese“ klingt aber immer noch die Skepsis nach, mit der viele Geologen und Seismologen die Ergebnisse zunächst aufgenommen hatten. Sind die schnell ablaufenden Dislokationen tatsächlich die Ursache und nicht die Auswirkungen von immer noch unbekannten Energiequellen in den Tiefen der Erde? Sind die vielen kleinen Erdbeben, die ohne sichtbare Verstellungen an der Erdoberfläche ablaufen, auf den gleichen Mechanismus zurückzuführen? Die Diskussionen flammten erneut auf, als der englische Seismologe Turner im Jahre 1922 Erdbebenherde in Tiefen von 100 km und mehr lokalisierte. In dieser Tiefe müßte eigentlich der hydrostatische (genauer der lithostatische) Druck das Gestein so stark zusammenpressen, daß für ein schnelles gegenseitiges Verschieben von Blöcken, also für ein Erdbeben, undenkbar große Antriebskräfte notwendig wären. Antworten auf diese Fragen konnte man nur über die neuen, instrumentell vorgenommenen seismologischen Beobachtungen der Erdbebenherde finden.

3. Die physikalisch-mathematische Darstellung des Erdbebenherdes

Nur wenige Erdbeben, und dann auch meist nur starke, sind mit einer bleibenden, meßbaren Verstellung der Erdoberfläche verbunden. Es sind dies nicht mehr als zwei bis drei Beben pro Jahr. Tiefbeben oder submarine Beben sind der direkten Beobachtung sowieso entzogen.

Eine Analyse des Erdbebenherdes kann im allgemeinen nur über indirekte Beobachtungen erfolgen. Wie entfernte Himmelskörper über Stärke und spektrale Zusammensetzung der von ihnen ausgesandten Lichtwellen untersucht werden können, so lassen sich aus den vom Erdbebenherd abgestrahlten seismischen Wellen kinematische und dynamische Größen des Bruchablaufs und die den Herd erzeugenden Kräfte ermitteln. Die Registrierung der Wellen erfolgt in Form von Seismogrammen, die an Erdbebenstationen aufgezeichnet werden.

Die Seismogramme enthalten Informationen über den Herdprozeß. Bei der Untersuchung der Quelle aus den seismographischen Aufzeichnungen müssen jedoch Einschränkungen und Kompromisse in Kauf genommen werden. Die Form der Seismogramme wird nicht nur vom Quellprozeß bestimmt, sondern auch wesentlich von dem Ausbreitungsweg der Wellen zwischen Quelle und Empfänger. Bei von der Erde aus erfolgenden astronomischen Beobachtungen kämpft man gegen ein ähnliches Problem. Der Lichtweg durch die Atmosphäre verfälscht die Abbildung des betrachteten Objekts. Glücklicherweise ist die Struktur der Erde heute recht gut bekannt und im Gegensatz zur Erdatmosphäre auch keinen zeitlichen Variationen ausgesetzt. Der Einfluß des Wellenweges läßt sich in vielen Fällen gut korrigieren.

Die gravierenden Probleme bei der Erforschung des Erdbebenherdes kommen von anderer Seite. Die den Ablauf des Bruchvorganges bestimmenden physikalischen Größen, wie Energie, Dislokation, mechanische Spannung, Bruchgeschwindigkeit oder Gesteinsparameter, stehen untereinander in komplexen, nichtlinearen Gesetzen folgenden Relationen. Nichtlineares Verhalten bedeutet aber, daß unter bestimmten Zuständen des Systems nahezu beliebig kleine Änderungen in den Anfangs- oder Randbedingungen irgendeiner Größe den weiteren Ablauf des Prozesses völlig verändern können. Uns unbedeutend erscheinende Faktoren können den zeitlichen und räumlichen Verlauf des Bruchprozesses entscheidend beeinflussen. Deshalb gibt es auch keine zwei identischen Erdbeben. Jedes Beben stellt ein Einzelereignis dar, welches nicht reproduzierbar ist.

Die Erforschung und Beschreibung der Erdbebenquellen basieren vorwiegend auf Modellrechnungen. Der Erdbebenherd wird in der mathematisch-physikalischen Schreibweise der Mechanik durch ein zunächst einfaches, plausibles Modell simuliert. Mit Hilfe der Theorien zur Ausbreitung elastischer Wellen und der Kenntnisse über die Struktur der Erde werden aus den Kräften und Deformationen, die der in die Erde eingepflanzte Modellherd auf die Umgebung ausübt, synthetisch die resultierenden Bodenbewegungen, d.h. die Seismogramme, berechnet. Die das Herdmodell kennzeichnenden Zahlen oder Faktoren werden nun bis zur maximalen Übereinstimmung zwischen beobachtetem und berechnetem Seismogramm variiert. Die Methode wird als *Parametrisierung* des Erdbebenherdes bezeichnet. Die Parameter dienen einmal zur

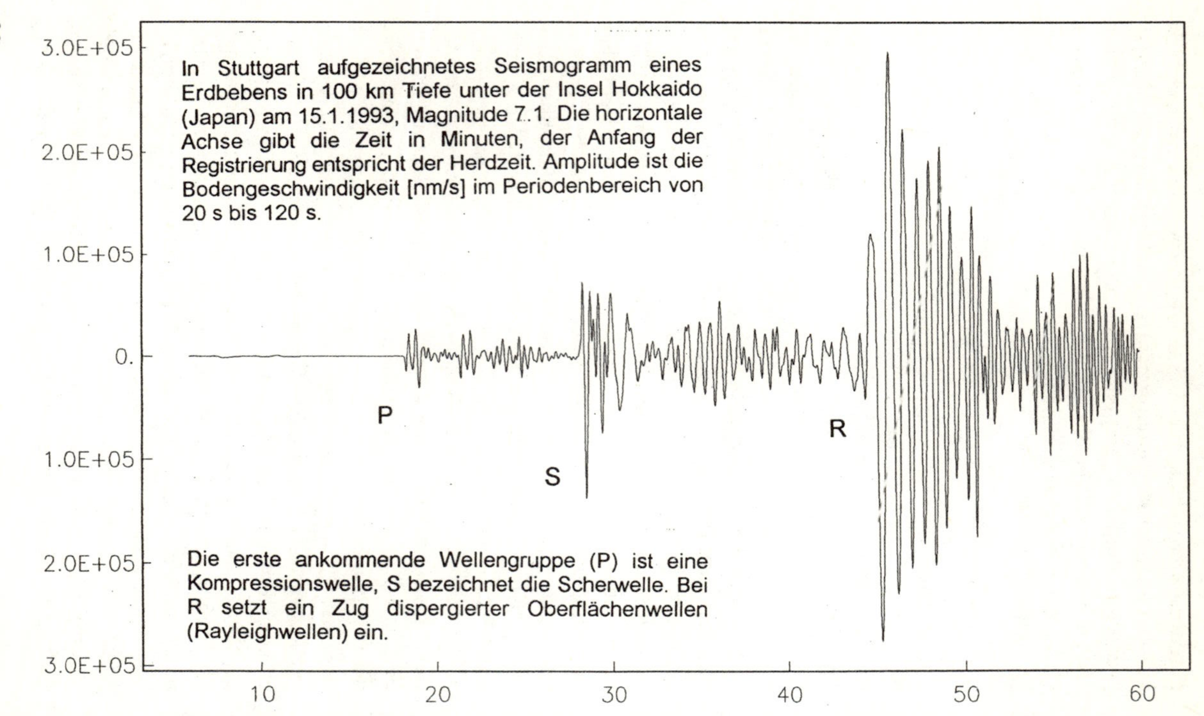
In Stuttgart aufgezeichnetes Seismogramm eines Erdbebens in 100 km Tiefe unter der Insel Hokkaido (Japan) am 15.1.1993, Magnitude 7.1. Die horizontale Achse gibt die Zeit in Minuten, der Anfang der Registrierung entspricht der Herdzeit. Amplitude ist die Bodengeschwindigkeit [nm/s] im Periodenbereich von 20 s bis 120 s.
3.0E+05
2.0E+05
1.0E+05
0.
1.0E+05
2.0E+05
3.0E+05
P
S
R
Die erste ankommende Wellengruppe (P) ist eine Kompressionswelle, S bezeichnet die Scherwelle. Bei R setzt ein Zug dispergierter Oberflächenwellen (Rayleighwellen) ein.
10
20
30
40
50
60

phänomenologischen Klassifizierung und Unterscheidung von Herden aus verschiedenen tektonischen Regionen und Tiefenbereichen, zum anderen sollen sie in Einklang mit Größen stehen, wie sie sowohl in der Geotektonik oder Geodynamik als auch bei Bruchexperimenten im Labor relevant sind.

4. Erdbeben im Labor

Lange Zeit bekamen die Seismologen aus den Ingenieurwissenschaften nur spärliche Unterstützung für ihre herdmechanischen Arbeiten. In der Technik wurde erst in den vergangenen zwei Jahrzehnten mit umfangreicheren Untersuchungen zur Bruchdynamik begonnen. Ingenieure sind weniger am Bruchablauf als an der Verhinderung eines Bruches interessiert. Bruchversuche geben aber die Möglichkeit, über Analogien Erkenntnisse zur herdmechanischen Interpretation von Seismogrammen zu erhalten.

In der Mechanik von Brüchen lassen sich grob zwei Arten unterscheiden: Dehnungsbrüche und Scherbrüche. Bei einem Dehnungsbruch stellt die entstandene Bruchfläche eine freie und somit auch spannungsfreie Oberfläche dar. Fällt eine Glasplatte auf den Boden, entstehen Dehnungsbrüche. Die in der tieferen Erde wirkende Auflast der Gesteine verhindert aber das Entstehen freier Oberflächen. Dehnungsbrüche bilden sich höchstens in unmittelbarer Nähe zur Erdoberfläche in Form von Spalten oder Klüften. Sie stellen jedoch keine Erdbebenherde dar.

Betrachten wir folgenden Laborversuch: Ein Pflasterstein aus Gneis wird zwischen die Schraubstockbacken einer Presse eingespannt. Bei kristallinem Gneis sieht man häufig entlang frischer Schnittflächen planparallele Bänder. Es ist unschwer zu vermuten, daß entlang dieser Bänder ein Gleiten des Gesteins leichter möglich ist als senkrecht zu ihnen. Die Schichtflächen werden unter einem Winkel von etwa 45 Grad zur Schraubstockachse orientiert. Der in der Erde herrschende Umgebungsdruck wird nachgebildet, indem das ganze System in ein Ölbad eingebettet wird. Über eine Hydraulik kann das

Ölbad einen gewünschten hydrostatischen Druck auf die Probe ausüben. (Die Gleichsetzung von hydrostatischem Druck mit dem in der Erde wirkenden Bergdruck, dem lithostatischen Druck, ist alles andere als trivial und nur dadurch gegeben, daß bei sehr langsamen Kraftänderungen das Gestein plastisch, d.h. ähnlich einer Flüssigkeit, reagiert). Jetzt werden die Schraubstockbacken, in Analogie zu einem Ansteigen der tektonischen Spannungen, langsam zugedreht. Der Block wird in seiner Längsachse komprimiert. Einfachen Gesetzen der Mechanik folgend, bilden sich unter den Winkelhalbierenden (A-A') von 45° gegenüber den Hauptspannungen σ_1 und σ_3 maximale Scher- oder Schubspannungen aus. Nach dem Gesetz actio gleich reactio müssen die bei der Deformation des Materials entstehenden Gegenkräfte diesen Spannungen das Gleichgewicht halten.

Aus Erfahrung wissen wir, daß ab einer bestimmten Größe des von den Backen auf die Probe ausgeübten Drucks eine schnelle Verformung des Körpers stattfindet, die wir als Bruch bezeichnen. Da die Scherspannungen entlang A-A' den Maximalwert besitzen, wird die Scherbewegung hier eintreten. Der französische Physiker Coulomb hat schon im Jahre 1773 ein Stabilitätskriterium für die Obergrenze von τ angegeben:

$$\tau = \tau_0 + \mu^* \sigma_n$$

Dabei ist τ_0 der Widerstand des Gesteins gegen Scherung ohne allseitigen Umgebungsdruck (σ_3=0), μ der Koeffizient der inneren Reibung des Gesteins und σ_n die auf die Trennfläche wirkende Normalspannung. Die Gleichung gibt nur einen kritischen Wert für die maximale Spannung τ, sie sagt nichts darüber aus, ob und wie der Bruch sich ausbreitet. Dies hängt speziell vom Verlauf zwischen Spannung und Dehnung im Material ab. In dieser Beziehung wird beim Überschreiten eines Maximalwertes τ der Gradient negativ, d.h., mit zunehmender Deformation nimmt die Spannung ab. Kann diese Spannung aber das statische Gleichgewicht gegenüber der von außen wirkenden Last nicht mehr halten, so kommt es zu einer Instabilität, und ein Bruchvorgang setzt ein. Der

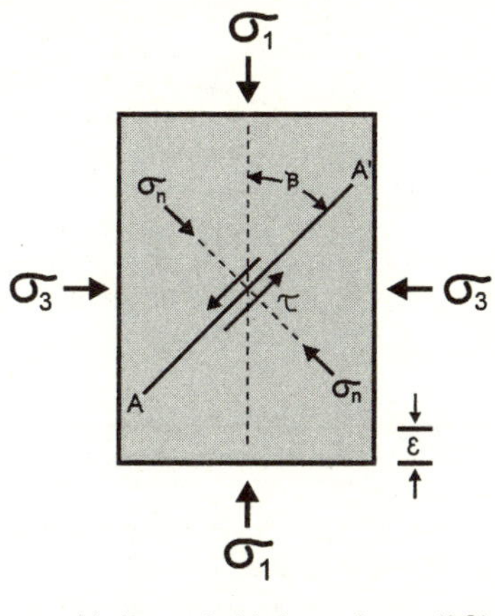

$$\sigma_n = \tfrac{1}{2}*(\sigma_1 + \sigma_3) - \tfrac{1}{2}*(\sigma_1 - \sigma_3)*\cos(2\beta)$$
$$\tau = \tfrac{1}{2}*(\sigma_1 - \sigma_3)*\sin(2\beta)$$

Komponenten mechanischer Normal- und Scherspannungen an einem Probekörper in Analogie zum Erdbebenherd:
σ_1: angelegte Lastspannung
σ_3: Nachbildung des Umgebungsdruckes
Übersteigt die Scherspannung τ die Scherfestigkeit des Gesteins an der Fläche A-A', so tritt ein Bruchvorgang mit ruckartigem Versatz auf.

Bruchausbreitung wäre keine Grenze gesetzt, würde nicht mit der Zunahme der Deformation eine Materialverhärtung (engl. strain hardening) einsetzen, durch die die Spannung wieder anwächst. Die Beziehung zwischen Spannung und Deformation hängt vom Materialverhalten ab und kann sich in weiten Grenzen ändern. Inhomogenitäten im Gestein, nicht verheilte frühere Bruchflächen, Wasser in den Poren des Gesteins, Temperatureinflüsse, Umgebungsdruck u.a. bestimmen, ob ein schnell ablaufender, seismisch effektiver Sprödbruch einsetzt oder ein kaum als Erdbeben zu betrachtender Kriechvorgang. Von der heterogenen Verteilung der Materialfestigkeit und der Größe der im Block gespeicherten Deformationsenergie hängt es nun ab, ob der Bruch auf ein kleines Volumelement konzentriert bleibt oder sich lawinenartig ausbreiten kann. Mit der Bruchausbreitung sind nämlich exotherme

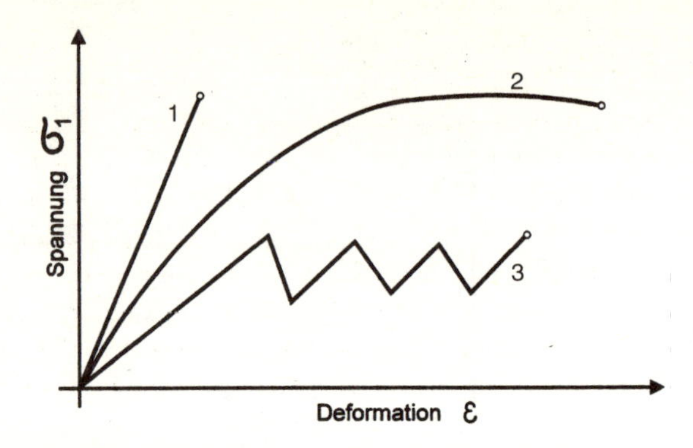

Zusammenhang zwischen mechanischer Last (Spannung) und Deformation für unterschiedliches Gesteinsverhalten vor dem Einsatz zum Scherbruch:
1: Mechanisch spröd reagierendes Gestein, typisch für Granite im oberen Teil der Erdkruste.
2: Bei höherer Last reagiert das Gestein duktil, vor Einsatz des Bruches tritt ein Materialfließen auf. Typisch für Gesteine unter höheren Umgebungstemperaturen, z.B. für Gneis in der unteren Erdkruste.
3: Im Bruchablauf wechseln Haft- und Gleitreibung ab. In der Phase der niedrigen Gleitreibung tritt eine Verfestigung des Materials mit erneuter Haftreibung entlang der Bruchflächen ein (*sog. stick-slip* oder *Stotterbruch*). Das Verhalten ist besonders bei sprödem Gestein in einem heterogenen Gesteinsverband zu beobachten. Die Scherdislokationen ändern sich zeitlich sehr rasch, was zu einer hohen und für Bauwerke gefährlichen Serie von Beschleunigungsimpulsen des Bodens führen kann.

Prozesse verbunden, die eine weitere Bruchausdehnung hemmen: Einmal wird kinetische Energie in Form seismischer Wellen abgestrahlt, zum anderen wird Energie zur Zertrümmerung und Erwärmung der Gesteine entlang der sich bildenden Scherzone verwendet. Einziger Energielieferant für die Bruchausbreitung ist aber die im Körper gespeicherte Deformationsenergie. Ab einer unteren Schwelle reicht sie nicht mehr aus, um die Bruchspitze weiter voran zu treiben. Ein neuer Gleichgewichtszustand zwischen mechanischen Kräften und Materialfestigkeit stellt sich ein. Der Bruchablauf ist beendet.

5. Der Erdbebenherd als Punktquelle

Die vereinfachte Darstellung des Erdbebenherds als punktförmiger Quelle kinetischer Energie ist wenig realistisch, weil sie eine unendlich hohe Energiedichte im Fokus bedingen würde. Für einige fundamentale Parameter in der Quantifizierung des Herdes reicht diese Grenzbetrachtung aber aus. Es handelt sich um den Ort, die Herdzeit, die abgegebene kinetische Energie und die Gleichgewichtskräfte zwischen Herd und Umgebung. Die Bestimmung und Bedeutung dieser Kenndaten werden im folgenden Absatz beschrieben.

Ort, Herdtiefe, Herdzeit

Die Angabe des Ortes, an welchem das Beben auftritt, ist nicht so trivial, wie man zunächst vielleicht annimmt. Jeder Bruchvorgang muß an einer mikroskopisch kleinen Stelle, praktisch im molekularen Bereich, beginnen. Würde der Bruch gleichzeitig an zwei oder mehreren Punkten einsetzen, so wäre mit dem Vorgang eine unendlich hohe Informationsgeschwindigkeit verbunden. Dies ist aber nicht möglich, da mit den kleinen Energien bei Bruchbeginn die Schallgeschwindigkeit ein Maximum darstellt. Die geographischen Koordinaten, an denen der Herd beginnt, werden als *Epizentrum* bezeichnet; wird die Herdtiefe eingeschlossen, so spricht man vom *Fokus* oder vom *Hypozentrum*. Die Ausdrücke wurden von Robert Mallet, einem irischen Maschineningenieur, anläßlich einer Untersuchung des im Jahre 1857 stattgefundenen großen napolitanischen Erdbebens eingeführt. Zum Nachweis und zur Ortsbestimmung des Erdbebenherdes wird aber eine gewisse Mindestmenge an abgestrahlter Energie benötigt, und die kann nicht von einem punktförmigen Herd stammen. Erst nachdem der Bruchvorgang ein gewisses Volumen erreicht hat, wird soviel Wellenenergie abgestrahlt, daß an einer Erdbebenstation eine erste, vom Erdbebenherd stammende Wellengruppe beobachtet werden kann. Sie wurde anfänglich als *primäre Welle* bezeichnet. Es handelt sich um

Kompressionswellen, die die kürzeste Laufzeit vom Herd zur Station aufweisen. Aus dem Begriff *primär* entstand in der Seismologie der Name *P-Wellen* für Kompressionswellen. Zusätzlich können für die Auswertung die Ankunftszeiten später ankommender Wellengruppen herangezogen werden, wobei den Scherwellen (in der Seismologie als *S-Wellen* bezeichnet, von „sekundär eintreffend") eine besondere Bedeutung zukommt. Aus den an verschiedenen Erdbebenstationen abgelesenen Ankunftszeiten dieser Wellengruppen läßt sich der Erdbebenherd einfach lokalisieren. Voraussetzung ist nur die Kenntnis der Geschwindigkeiten, mit der sich die Wellen in der Erde ausbreiten. Die Ausbreitungsgeschwindigkeiten sind allerdings nicht konstant, sondern hängen vor allem von der Tiefe ab, mit der die Wellen in die Erde eindringen. Aus einer über viele Jahrzehnte vorgenommenen, wechselseitigen Verbesserung in der Bestimmung der Position der Herde und der Laufzeiten zwischen Herd und Station sind jedoch präzise Modelle zur Verteilung der Ausbreitungsgeschwindigkeiten in der Erde entstanden. Mit dieser Kenntnis wird die Herdlokalisierung auf eine Navigationsaufgabe reduziert. Vier unbekannte Größen müssen bestimmt werden: Geographische Länge und Breite, Herdtiefe und Herdzeit. Zur Lösung des Gleichungssystems werden die Ankunftszeiten an mindestens vier verschiedenen Erdbebenstationen benötigt. Stärkere Erdbeben werden an hunderten von Erdbebenstationen registriert. Das Gleichungssystem wird damit überbestimmt und läßt eine Minimierung der Fehler in den Lösungen zu. Es ist heute keine Seltenheit, daß sich der Fokus eines Erdbebens und die Herdzeit auf Bruchteile eines Kilometers, bzw. hundertstel Sekunden angeben lassen.

Intensität und Magnitude

Die Auswirkungen der durch Erdbeben hervorgerufenen Erschütterungen auf Menschen, Bauwerke und Landschaft werden in *Makroseismischen Skalen* beschrieben. Die neueren Skalen für die Erschütterungsstärke wurden seit ihrer Einführung durch den italienischen Seismologen Giuseppe Mercalli im Jahre 1902 mehrfach modifiziert und den Veränderungen in der Bauweise angepaßt. Die Angaben erfolgen heute meist in einer von Giuseppe Mercalli und dem Deutschen August Sieberg vorgeschlagenen Einteilung oder in der MM-Skala (*M*odified *M*ercalli Scale). Einige Werte daraus lauten:

Grad II: Nur vereinzelt von ruhenden Personen verspürt
Grad IV: Von vielen wahrgenommen. Geschirr und Fenster klirren
Grad VI: Leichte Schäden an Gebäuden. Feine Risse im Verputz
Grad VIII: Spalten im Mauerwerk. Giebel und Dachgesimse stürzen ein
Grad X: Einstürze von vielen Bauten. Große Spalten im Erdboden
Grad XII: Starke Veränderungen an der Oberfläche

Nach stärkeren Erdbeben werden die Auswirkungen in Fragebogenaktionen ermittelt, um Städten und Gemeinden durchschnittliche Intensitätsgrade zuordnen zu können. Die graphische Darstellung erfolgt in Isoseistenkarten und Isoseistenlinien, wobei früher die maximale Stärke allgemein als Bebenstärke angegeben wurde. Trotz einer manchmal notgedrungen subjektiven Einschätzung der Erschütterungsgrade bilden diese Karten, vor allem wenn historische Beben mit einbezogen werden, eine wesentliche Grundlage bei der Planung erdbebenresistenter Gebäude.

Die phänomenologische Intensitätsskala reicht dem quantitativ arbeitenden Seismologen nicht aus. Auch treten viele Erdbeben in Gebieten auf, die dünn oder gar nicht besiedelt sind. Der amerikanische Seismologe Charles Richter schlug deshalb 1935 ein Verfahren vor, mit welchem aus den Amplituden der mit Hilfe von Seismogrammaufzeichnungen ermittelten Bodenbewegungen die im Erdbebenherd freigesetzte seismische Energie berechnet werden kann. Da sich die Bodenamplituden zwischen schwachen und starken Beben um viele Zehnerpotenzen unterscheiden, führte Richter in Analogie zu der in der Astronomie zur Klassifizierung der Helligkeit eines Sternes verwendeten Magnitude eine Erdbebenmagnitude ein, welche aus dem Logarithmus der maximalen Bodenamplitude in einer vorgegebenen Herdentfernung berechnet wird. Damit wurde eine objektiv erfolgende Quantifizierung der Erdbebenstärke erreicht. Der Wert wird als Richter-Magnitude bezeichnet. In empirisch ermittelten Formeln wird die Richter-Magnitude mit anderen Erdbebengrößen verknüpft, wie z. B. der Intensität und der Herdtiefe. Ein häufig gebrauchter Zusammenhang stellt die Beziehung zwischen Richter-Magnitude (M) und vom Herd freigesetzter seismischer (kinetischer) Energie dar:

$$\lg E = 1.5 * M + 4.8$$

wobei E in Joule eingesetzt wird und lg den Logarithmus zur Basis 10 bezeichnet.

Die Magnitudenformel von Richter ist primär gültig für Beben in der oberen Erdkruste unter Einbeziehung lokaler Erdbebenstationen. Für die Magnitudenbestimmungen von Tiefbeben oder auch für weit entfernte Beben wurden später von der Richterschen Vorschrift etwas abweichende Rechenverfahren entwickelt.

Äquivalente Herdkräfte

Im Jahre 1923 veröffentlichte der japanische Seismologe Hiro Nakano einen fundamentalen Beitrag zur Seismotektonik. Unter Seismotektonik versteht man Verfahren, mit denen Beziehungen zwischen den Kräften und Verschiebungen im Erdbebenherd und großräumiger Tektonik hergestellt werden können. Bei der Auswertung von Seismogrammen fiel schon früh auf, daß die erste vom Herd herrührende Bodenbewegung sowohl weg- als auch auf den Herd zugerichtet sein kann. Für einige Seismologen war das ein Beweis gegen die Allgemeingültigkeit des Herdmodells von Reid. Es erschien plausibel, eine vom Herd weggerichtete erste Bodenbewegung (eine Kompression) einer unterirdischen Explosion und eine zum Herd gerichtete Bewegung (eine Dilatation) einem Kaverneneinsturz zuzuordnen. Nakano berechnete die durch verschiedene Kräftekombinationen hervorgerufenen Abstrahldiagramme seismischer Wellen und fand durch Vergleich heraus, daß sich bei einem äquivalenten Ersatz des Erdbebenherdes durch ein antiparalleles, entlang einer gedachten Fläche wirkendes Kräftepaar eine einfache, quadrantenförmige Verteilung zwischen Kompression und Dilatation ergibt. Derartige Polaritätswechsel waren zwar beobachtet worden, konnten aber nicht gedeutet werden und wurden als Meßfehler einer in Wirklichkeit aus allseitiger Kompression oder Dilatation bestehenden Abstrahlung interpretiert. Das Kräftepaar oder Kräftedipol entspricht in der Mechanik aber den für den Erdbebenherd benötigten Scherkräften. Mit den Nakanoschen Formeln war es nun möglich, rückwärts aus einer einfachen Seismogrammanalyse Angaben über die Lage der Erdbebenbruchflächen im Raum und der entlang dieser Flächen erfolgenden Blockverschiebungen zu machen. Allerdings kann mit dem einfachen Verfahren nicht zwischen der tatsächlichen Herdfläche und einer dazu senkrecht stehenden Fläche unterschieden werden. Dies ist erst unter Einbeziehung der Herdausdehnung möglich. Die Orientierung des erdbebenerzeugenden tektonischen Spannungsfeldes kann jedoch eindeutig angegeben werden. Damit wurde das meist als „Herdflächenlösung“ bezeichnete Verfahren zu einer der wichtigsten Stützen der Geodynamik.

6. Der räumlich ausgedehnte Erdbebenherd

Herdlänge und Herdfläche

Landkarten über die Verteilung von Erdbeben stellen den Herd meist punktförmig dar. Wie schon erwähnt, ist diese Vereinfachung oft zweckmäßig, aber dennoch fiktiv. Die maximal im Gestein speicherbare Energiedichte, also die Deformationsenergie pro Volumeneinheit, wird durch die Festigkeit des Materials begrenzt. Der Erdbebenherd bezieht seine kinetische Energie aus dem Herdvolumen, der Herd mit der stärkeren Magnitude nimmt ein größeres Volumen ein.

Die Definition des Herdvolumens ist nun nicht eindeutig und hängt von den Meßmethoden ab, mit denen es bestimmt wird. Erfolgt die Bestimmung aus einer Seismogrammanalyse, so setzt sich das Herdvolumen aus den Bereichen zusammen, aus denen während des Bruchprozesses kinetische Energie nach außen abgegeben wird und zu Erschütterungen an der Erdoberfläche führt. Die Bedeutung des Herdes für die Tektonik hängt aber weniger von den verursachten Bodenerschütterungen als von den bleibenden Bodenverstellungen ab. Manchmal treten Erdbeben auf, denen über Stunden hinweg „aseismische“, das sind langsame und nicht durch Seismometer erfaßbare, Kriechbewegungen der Herddislokation nachfolgen. Ihre Auswirkungen an der Erdoberfläche können aus geodätischen Höhenmessungen, Neigungsmessungen oder neuerdings auch von Satelliten aus durchgeführten Radarmessungen ermittelt werden.

Die Herdvolumina sind meist auf schmale, bandartige Zonen begrenzt. So konnten bei dem Erdbeben von San Francisco 1906 Dislokationen von bis zu fünf Metern entlang der San-Andreas-Verwerfung auf viele hundert Kilometer Länge verfolgt werden, während sie quer dazu in schon wenigen Kilometern Abstand nicht mehr nachweisbar waren. Die Konzentration der Bewegung auf schmale Zonen resultiert aus einem selbstverstärkenden Effekt. Das bei einem Erdbeben zertrümmerte und zerklüftete Gestein weist gegenüber seiner Umgebung eine geringere Festigkeit auf. Bei zukünftigen Erdbeben wird deshalb bevorzugt das schon früher beanspruchte Gebiet in die neue Bruchzone mit einbezogen, wodurch sich im Laufe der Zeit nicht nur eine Einengung der Bruchzone, sondern eine regelrechte Gleitschiene herausbildet. Diese Gleitschienen oder Gleitflächen können sich über Hunderte von Kilometern erstrecken und sind in der Geologie seit langem als Verwerfungen bekannt. In der mathematischen Beschreibung des Herdvorganges kann das längsgestreckte dreidimensionale Herdvolumen oft durch die einfachere Angabe einer zweidimensionalen Herdfläche ersetzt werden. Manchmal wird auch nur eine eindimensionale Herdausdehnung, die Herdlinie, angegeben.

Empirisch gewonnene Zusammenhänge zwischen der Magnitude (M) eines Herdes und seiner flächen- (A) bzw. linienförmig (L) angenommenen Herdgröße lauten:

$$\lg A = 1.02 * M + 6.0 \text{ (A in cm}^2\text{)}$$
$$\lg L = 0.5 * M + 3.2 \text{ (L in cm)}$$

lg ist der Logarithmus zur Basis 10.

Die Gleichungen gelten für Beben in der Erdkruste ab etwa Magnitude 4. Sie können allerdings nur in einer ersten Näherung verwendet werden.

Die Trennbereiche zwischen zwei in geologischen Zeiträumen aneinander vorbeigleitenden Blöcken sind an Felswänden im Gebirge oder in Steinbrüchen manchmal gut aufgeschlossen. Schichten mit starker Gesteinsbeanspruchung und Mächtigkeiten im Bereich von Zentimeter bis Meter findet man eingebettet in wenig gestörtem Fels. Manchmal handelt es sich nur um in das Gestein eingeritzte Striemen, Harnische genannt. Über lange Zeiträume anhaltende Deformationen können aber bis zur Pulverisierung („Mylonithisierung") des Gesteins führen.

Das Anwachsen eines Erdbebenherdes von molekularer Größe zu einer Ausdehnung bis 1 000 km Länge ist ein außerordentlich komplexer dynamischer Prozeß. Wie schon erwähnt, ist der Ausgangspunkt auch des stärksten Erdbebens in einem mikroskopisch kleinen Bereich zu suchen. Wann wird nun aus einem Mikroereignis ein Makrobeben? Mit geeigneten Mikrofonen läßt sich in jeder in Fels eingehauenen Höhle ein ständiges Knistern des Berges beobachten. Diese vor allem im Ultraschallbereich auftretenden, als akustische Emissionen bezeichneten Ereignisse entsprechen in ihrem Mechanismus Erdbeben mit Herdausdehnungen von Bruchteilen von Millimetern. Eine notwendige, aber nicht hinreichende Voraussetzung zum lawinenartigen Anwachsen der Mikrobrüche ist ein labiles Gleichgewicht zwischen den im Gestein von außen eingeprägten Kräften und seiner Widerstandsfähigkeit, diese Kräfte durch elastische Deformationen aufzunehmen. Ein negativer Wert in der Differenz von actio und reactio bedeutet Stabilität, ein positiver Wert Instabilität, also Bruch. Aufgrund von Heterogenitäten in der geologischen und mechanischen Struktur der Erde sind die das Gleichgewicht bestimmenden Differenzen örtlich unterschiedlich. Poren und Lunker können die Festigkeit des Gesteins im Submillimeterbereich um Zehnerpotenzen herabsetzen. Die Bedingung für Instabilität ist hier leicht zu erfüllen, doch bleibt der einsetzende Bruch auf ein Mikrovolumen beschränkt. Das Resultat ist eine *akustische Emission*, kein Erdbeben. Ein Bruch kann sich über eine größere Strecke nur dann ausbreiten, wenn Stabilität und Instabilität im potentiellen Herdgebiet gewissen Verteilungsfunktionen gehorchen. Dazu reichen Angaben von Mittelwert und Varianz nicht aus. Es müssen genügend viele zusammenhängende oder benachbarte Instabilitätszonen vorhanden sein, um dem Bruch den Schwung zur Überwindung von Stabilitätszonen zu verleihen. Die Ausbreitung eines Bruches wird nun zusätzlich dadurch bestimmt, daß mit seiner Kinetik die Festigkeit des Materials entlang der sich bildenden Bruchfläche verändert wird. Der Widerstand des Gesteins gegenüber Scherkräften beruht, wie aus Laborversuchen bekannt ist, vorwiegend auf der Haftreibung angrenzender Gesteinspartikel. In der Makroskopie des sich vorbereitenden Erdbebenherdes sind es benachbarte, durch den Erddruck zusammengepreßte Gesteinsblöcke, die über die Haftreibung die Gegenkraft bilden. Beim Einsetzen des Bruches, also beim Beginn der Scherdislokation, geht nun die Haftreibung in die niedrigere Gleitreibung über, was einer Reduzierung der Materialfestigkeit gleichkommt und eine Beschleunigung der Bruchausbreitung bewirkt. Größere Bruchausdehnung bedeutet einen größeren Blockversatz (Dislokation) entlang der Bruchfläche, was umgekehrt zu einer Materialstauchung und Materialverhärtung, also zu einer Erhöhung der Materialfestigkeit führt. In diesem Wechselspiel können sich „Stotterbrüche" (engl. stick-slip) ausbilden, in denen der gesamte Bruchvorgang sich aus einer Serie von Einzelbrüchen zusammensetzt. Der Quietschton beim Auseinanderziehen zweier aufeinanderliegender Platten oder beim Schreiben mit Kreide auf eine Wandtafel beruht auf einer ähnlichen periodischen Abfolge von Unterbrüchen.

Die Abhängigkeit der Bruchausbreitung von vielen Einzelfaktoren führt im statistischen Mittel erstaunlicherweise zu einem einfachen Zusammenhang zwischen der Häufigkeit des Auftretens und der Bruchgröße, d.h. damit auch der Magnitude des Bebens. Er wurde zuerst von den amerikanischen Seismologen Beno Gutenberg und Charles Richter formuliert. Die nach ihnen benannte Beziehung lautet:

$$\lg N = a - b * M$$

wobei N die Anzahl der Beben mit einer Magnitude >M bezeichnet und a und b innerhalb eines vorgegebenen Gebietes und Zeitraums als konstant angenommen werden. lg ist der Logarithmus zur Basis 10. Die Anzahl der Beben nimmt logarithmisch mit dem Anwachsen der Magnitude ab. Aus einer weltweiten Bebenverteilung erhält man a = 7–8 und b = 0.9. Auf jährlich ein Beben mit Magnitude um 8 kommen etwa 100 mit Magnituden größer 6 und über 50000 mit Magnituden größer 3.

Der Wert von b steht in einem Zusammenhang mit der Heterogenität der Gesteinsparameter, in denen das Erdbeben stattfindet. Mit zunehmender Zerklüftung nimmt der b-Wert zu. Er wird deshalb auch zur seismotektonischen Kennzeichnung eines Gebietes benützt. Ebenfalls wird versucht, in einer Erdbebenregion auftretende zeitliche Änderungen von b mit prä- oder postseismischen Aktivitätsphasen in Verbindung zu bringen.

Dislokation, Dislokationsgeschwindigkeit und Bruchgeschwindigkeit

Das primäre Kennzeichen eines Erdbebenherdes ist eine sich zeitlich schnell bildende antiparallele Versetzung, eine Scherdislokation, entlang einer bei diesem Prozeß entstehenden Bruchfläche. Nur bei starken Beben, die selten unter Magnitude 7 liegen, pausen sich diese Verstellungen meßbar an die Oberfläche durch. Die größten bekannt gewordenen Dislokationen traten bei dem großen Assam-Beben in Nordindien im Jahre 1897 mit über 10 m auf. An jedem Punkt des Herdvolumens wird sich eine Dislokation vom Wert Null bis zu einem Maximalwert D als Funktion der Zeit ausbilden. Erfahrungen zeigen, daß D in einen Bezug zur ausgebildeten Herdlänge L gebracht werden kann. Es gilt die Faustformel $D = 10^{-5} * L$. Ein Bruch mit 10 km Ausdehnung besitzt eine maximale Dislokation von etwa 10 cm. Ähnlich einem ins Rutschen geratenen Steinhaufen werden nun von einem Punkt ausgehend (dem Hypozentrum) neue Stellen zur Dislokation angeregt. Die Geschwindigkeit, mit der sich diese Bruchfront ausbreitet, wird *Bruchgeschwindigkeit* genannt. Zusammen mit der zeitlichen Ableitung der Dislokation, der *Dislokationsgeschwindigkeit*, stellen sie die wichtigsten kinematischen Größen in der mathematisch-physikalischen Beschreibung des Erdbebenherdes dar, da sie unmittelbar die Form der aufgezeichneten Seismogramme bestimmen. Die Aufgabe des Seismologen ist es nun, rückwärts aus Seismogrammaufzeichnungen und mit Hilfe von Modellrechnungen neben Hypozentrum und Magnitude die kinematischen Herdparameter nach Betrag und Richtung zu berechnen: Herdausdehnung, Dislokation, Dislokations- und Bruchgeschwindigkeit. Die Dislokationsgeschwindigkeiten liegen im Bereich von unter 1 m/s, die Bruchgeschwindigkeiten bei einigen km/s. Aus der Interpretation dieser Größen im Vergleich zu Kenntnissen aus der Bruchmechanik spröder und duktiler Gesteine lassen sich Aussagen über dynamisch ablaufende Bewegungen in der Erde machen, die einer direkten Beobachtung nicht zugänglich sind.

Eine weitere, zur Charakterisierung des Erdbebenherdes wichtige Größe ist das sogenannte seismische Moment, M_0. Es hat den Vorteil, in einem Inversionsverfahren und ohne den Umweg über die zeitaufwendige Seismogrammanpassung an Modellrechnungen berechnet werden zu können. Das seismische Moment entspricht dem Produkt

$$M_0 = \mu * A * D$$

wobei μ der Schermodul des Mediums, A die Herdfläche und D die Dislokation bedeutet. In das seismische Moment geht nur der Endzustand des Erdbebens ein, gleichgültig wie schnell das Beben abgelaufen ist. Vor allem bei großen Beben wird dem Herdmoment eine aussagekräftigere Bedeutung zugeschrieben als der Magnitude.

7. Erdbeben, die es nicht geben dürfte

Tiefbeben

In den Abendstunden des 8. Juni 1994 erlebten die Bewohner der oberen Stockwerke in den Hochhäusern der kanadischen Stadt Toronto eine unangenehme, langanhaltende Schaukelbewegung. Bald war klar, es konnte sich nur um ein Erdbeben handeln. Dies war verwunderlich, denn der Osten Kanadas liegt weit entfernt von einer Plattengrenze und zeigt nur gelegentlich eine schwache Seismizität. Die Aufklärung verblüffte selbst altgediente Berufsseismologen. Die Panik der Hochhausbewohner war durch ein über 6 000 km von Toronto entferntes Beben verursacht worden. In Bolivien hatte sich mit einer Magnitude von 8.2 in 620 km Tiefe das stärkste Erdbeben ereignet, das jemals in diesen Tiefenbereichen beobachtet wurde.

Als der am Oxforder Zentrum zur Auswertung und Katalogisierung von Erdbeben tätige Seismologe H. H. Turner bei seinen Bestimmungen 1922 Herdtiefen von einigen hundert Kilometern erhielt, war er zunächst selber skeptisch und nahm systematische Berechnungsfehler an. Sein Mißtrauen war durchaus berechtigt. Es wurde geteilt von einem der führenden Erdwissenschaftler dieser Zeit, dem im englischen Cambridge lehrenden Harold Jeffreys. Tatsächlich sprechen wesentliche theoretische und experimentelle Überlegungen gegen das Auftreten von Scherinstabilitäten in dem heißen und duktilen Gestein des Erdmantels. Der in größeren Tiefen herrschende Umgebungsdruck bedingt zwischen den Gesteinskörnern einen so hohen Reibungskoeffizienten, daß undenkbar hohe Scherkräfte nötig wären, um eine Dislokation entsprechend dem Mechanismus bei Flachbeben zu erzeugen. Die Plastizität und Fließfähigkeit des Mantelgesteins wirkt aber ganz allgemein der Ausbildung von Scherkräften entgegen. Vor allem durch Untersuchungen des Japaners Wadati ließen sich aber nach dem Jahr 1930 Hypozentren auch unterhalb der „kalten und spröd reagierenden" Erdkruste nicht mehr wegdiskutieren. Einige Wissenschaftler versuchten einen Ausweg, indem sie vom Scherbruch abweichende Herdmechanismen vorschlugen. Als Alternative diskutiert man bis heute an schnelle Volumenänderungen gekoppelte Phasenübergänge des Materials, d.h. Instabilitäten in der Kristallstruktur der Tiefengesteine. Allerdings steht kein Seismogramm eines noch so tiefen Bebens im Widerspruch zu einer Scherdislokation.

Der Japaner Wadati erkannte schon 1934 den typischen Verlauf in der Anordnung der Hypozentren von Erdbeben zwischen 50 km und mehreren hundert Kilometern Tiefe, wie er heute im Konzept der Plattentektonik eine Subduktionszone markiert. Subduktionszonen sind abtauchende Lithosphärenplatten, in denen kaltes und wasserreiches Gestein im oberen Teil der Platte durch die Schwerkraft in die Tiefe gezogen und im unteren Teil gegen das festere Gestein des unteren Erdmantels gepreßt wird. Die schlechte Wärmeleitfähigkeit der subduzierenden Platte verhindert ein schnelles Aufheizen des Platteninneren, so daß Scherspannungen nicht unmittelbar durch plastisches Fließen abgebaut werden. Der lithostatische Kompressionsdruck hängt allerdings nur von der Tiefe ab, womit auch in der Subduktionszone das Argument einer den Scherspannungen entgegenwirkenden Gesteinsreibung oder Gesteinsfestigkeit nicht gegenstandslos wird. Verschiedene Theorien versuchen diese Schwierigkeiten zu umgehen. Eine Rolle beim Aufheizen des wasserreichen Lithosphärengesteins könnte Dehydration spielen. Mit der Dehydration wird der Wasserdruck in den Gesteinsporen vergrößert und damit der effektiv wirkende Umgebungsdruck vermindert, was wiederum zu einer Reduzierung der Reibung entlang einer potentiellen Scherfläche führt. Zusätzlich könnte dieses Wasser eine Schmierwirkung ausüben.

In Europa treten Tiefbeben in Südspanien, im Tyrrhenischen Meer und im Karpatenbogen auf. Es ist schwer, diese Beben mit einer Subduktionszone in Verbindung zu bringen.

Viele Fragen zum Mechanismus von Tiefbeben sind bis heute ungeklärt. Seismologen auf der ganzen Welt sehen deshalb der Auswertung jenes ungewöhnlichen Bebens in Bolivien mit großer Spannung entgegen.

Intraplattenbeben

Etwa 99 Prozent der Erdbebenenergie wird an Plattenrändern freigesetzt, davon über 90 Prozent an konvergierenden Plattengrenzen. Diese Beobachtung ist eine fundamentale Stütze der Plattentektonik, welche wesentliche Deformationen nur an den Plattenrändern, nicht aber in ihrem Inneren voraussetzt.

Wie jedes Erdmodell stellt auch die Plattentektonik nur eine angenäherte Beschreibung der Wirklichkeit dar. Die in Mitteleuropa und nördlich der Alpen stattfindenden Beben sind genügend weit von der Grenze zur afrikanischen Platte entfernt und werden in die Klasse der sogenannten Intraplattenbeben eingestuft. Ihre Magnituden liegen jedoch deutlich unter einem Maximalwert von etwa $M = 6$. Sie können als die Auswirkungen lokaler Spannungskonzentrationen oder Schwächezonen, hervorgerufen durch geologische Heterogenitäten in der oberen Erdkruste, verstanden werden. Ihre Existenz beeinflußt das globale Weltbild der Plattentektonik nur wenig.

Obwohl selten, können aber auch im Inneren von Platten außerordentlich starke Beben mit verheerenden Auswirkungen eintreten. Der einen Zeitraum von 3000 Jahren erfassende Erdbebenkatalog Chinas enthält Starkbeben, die weit mehr als tausend Kilometer von der Kollisionszone des Himalayas wie auch der pazifischen Subduktionszone entfernt liegen. Das auf der afrikanischen Platte gelegene Libyen zeigte über viele Jahre hinweg eine unbedeutend geringe Seismizität. Dennoch traten im Jahr 1935 innerhalb weniger Wochen vier Beben mit Magnituden um 7 und darüber auf. Die bedeutendsten Intraplattenbeben wurden im letzten Jahrhundert im Mittleren Westen der Vereinigten Staaten beobachtet. In die Literatur gingen sie als die „Großen Erdbeben von New Madrid" ein. Zwischen 1811 und 1812 traten im Gebiet des Mississippi, an den Grenzen zu Kentucky und Missouri, drei Beben mit Magnituden von jeweils über M = 8 auf. Sie entsprechen damit den stärksten in Kalifornien beobachteten Beben. Es ist weitgehend unklar, wie es zu einer so großräumigen Verspannung in einem als tektonisch stabil angesehenen Gebiet kommen konnte. Manchmal wird spekuliert, die Ursache dieser Beben hänge mit den riesigen Ablagerungen von Flußsedimenten des Mississippi und der daraus resultierenden Belastung der Erdkruste zusammen. Ebenso wird über mögliche, von den pazifischen und atlantischen Plattenrändern herrührende Spannungsumlagerungen diskutiert. Intraplattenbeben können vor allem deshalb so gefährlich werden, weil sie meist eine wenig auf Erdbeben vorbereitete Bevölkerung treffen.

8. Erdbeben und Tektonik

Seismotektonik Mitteleuropas

„Afrika drückt gegen Europa." Ältere Leser werden diesen Satz im Geographieunterricht lange vor Einführung der plattentektonischen Modellvorstellungen gehört haben. Ist diese Annahme heute noch richtig? In situ erfolgende Messungen des mechanischen Spannungszustandes in der Lithosphäre beschränken sich naturgemäß auf den Tiefenbereich, in welchem Bohrungen zur Verfügung stehen. Nur wenige Gesteinsbohrungen in Europa erreichen Tiefen über 5 km. Die direkte Bestimmung der räumlichen Verteilung von Kompression und Dehnung (beide Größen werden als Abweichung von einem allseitig wirkenden, „lithostatischen" Gebirgsdruck bestimmt) mit Hilfe von in Bohrlöchern eingebrachten Spannungsmeßdosen oder durch Messungen der Deformationsänderungen beim Herauslösen von Gestein ist meßtechnisch aufwendig und wird vor allem aus Kostengründen selten in Tiefen über 100 m durchgeführt. In größeren Tiefen können die Auswirkungen des Gebirgsdrucks auf das Gestein meist nur noch qualitativ beobachtet werden. Aus der Verteilung der Häufigkeit von Klüften, aus dem Ausbrechen des Gesteins beim Bohren und aus der Rißbildung beim Einpressen von Wasser in Gesteinsformationen können die Richtungen der größten und kleinsten Hauptspannungen abgeschätzt werden. Für die nicht durch Bohrlöcher erschlossenen Tiefen bleiben nur die indirekten Aussagen aus herdmechanischen Analysen von Erdbeben übrig. Lokale Heterogenitäten oder die Störung des überregionalen Spannungsfeldes durch die Bohrung selber können zu schwer abschätzbaren Fehlern beim Auswerten der Messungen führen. Auch bei der Auswertung der Herdflächenlösungen von Erdbeben sind systematisch auftretende Fehler zu befürchten, da nur bei grober Vereinfachung der Realität der Winkel zwischen Hauptspannung und Scherfläche 45° beträgt.

Es ist deshalb fast überraschend, daß trotz dieser Unzulänglichkeiten die Messungen ein weitgehend einheitliches Bild des großräumigen Spannungszustandes in Europa ergeben. Über weite Gebiete des europäischen Kontinents herrscht in der Lithosphäre ein horizontales, ungefähr von Nordwest nach Südost gerichtetes Kompressionsfeld vor. In der Orientierung der senkrecht zueinander stehenden Hauptspannungsachsen des Spannungsellipsoids entspricht es der Achse der maximalen Hauptspannung. Die minimale Hauptspannungsachse ist ebenfalls horizontal gerichtet, die mittlere Hauptspannung steht vertikal. Der Betrag der Druckerhöhung in Richtung Nordwest-Südost kann nur grob abgeschätzt werden. Vermutlich liegt er bei weniger als ein Prozent der Vertikallast.

Aus der Richtung der Kompressionsachse und deren großräumiger Persistenz über weite Teile Europas und besonders über Mitteleuropa wird allgemein der Schluß gezogen, daß diese Spannungen von den an Europa angrenzenden Plattenrändern ausgehen. Die europäische Platte ist gleichsam in einen Schraubstock eingespannt. Das Aufgehen und Spreizen des Nordatlantik entlang der mittelozeanischen Schwelle stellt den Schraubstockbacken dar, der gegenüber Europa langsam zugedreht wird, wobei die stärksten Bewegungen in der Gegend von Island stattfinden. Der gegenüberliegende, feststehende Schraubstockbacken bildet die Plattengrenze Europas zu Afrika. Die „Hot Spots" auf der afrikanischen Platte zeigen aber deren stabile Lage über mindestens 30 Millionen Jahre und untermauern die feste Position dieses Schraubstockbackens. Afrika drückt nicht gegen Europa, Europa drückt gegen Afrika.

Die Erdbeben der „Süddeutschen Großscholle"

Die westliche Schwäbische Alb, mit Schwerpunkt um Albstadt und den Teilgemeinden Ebingen, Tailfingen und Onstmettingen, stellt in diesem Jahrhundert das aktivste Erdbebengebiet Mitteleuropas nördlich der Alpen dar. Am 16. November 1911 trat wie ein Blitz aus heiterem Himmel in diesem früher nur von schwacher Seismizität heimgesuchten Gebiet ein starkes Schadenbeben mit einer Magnitude von 5.6 auf. Weitere Beben vergleichbarer Stärke folgten am 28. Mai 1943 und am 3. September 1978. Die 1978 aufgetretenen Schäden an Gebäuden und Inneneinrichtungen beliefen sich auf mehrere hundert Millionen Mark. Neben Hunderten von Nachbeben wurden in den Jahren zwischen den Starkbeben zahlreiche Erdstöße schwächerer Magnitude registriert und bearbeitet.

Damit zählt die Schwäbische Alb, auch im weltweiten Maßstab zu den am besten untersuchten Erdbebengebieten kleinerer Ausdehnung. Die Erdstöße sind in ihrem Ablauf und Mechanismus typisch für die in der *Süddeutschen Großscholle* auftretenden Intraplattenbeben und können stellvertretend für diese behandelt werden. Die Süddeutsche Großscholle zeichnet sich durch einen gemeinsamen geologischen Bau innerhalb ihrer Tiefenstruktur aus und umfaßt das Dreieck Basel-Kassel-Regensburg. Vorzugsrichtungen von Bruchlinien und Verwerfungen in der Scholle deuten auf eine wechselnde tektonische Beanspruchung in ihrer Geschichte hin. Für die heutigen Erdbeben sind vor allem die in rheinischer Richtung streichenden Bruchflächen und Verwerfungen interessant. Die parallel zum Oberrheingraben verlaufenden, geographisch Nord-Süd bis Nord-Nordost-Süd-Südwest orientierten Verwerfungen bildeten sich dominierend in der spätalpidischen Phase in Zusammenhang mit der Entstehung des Oberrheingrabens. Aus der Orientierung der mechanischen Spannungen in der Erdkruste Mitteleuropas folgt ein Feld maximaler Scherspannungen parallel zu dem rheinisch streichenden Bruchmuster. Zwischen den Verwerfungsflächen eingebettet liegen Zonen geringer Scherfestigkeit, die als Ruschel- oder Mylonithzonen bezeichnet werden. Sie trennen die gegenüberliegenden Gesteinsblöcke mit Mächtigkeiten im Bereich von Metern und reduzieren den Reibungswiderstand zwischen den Blöcken drastisch. Nur zum Teil sind sie Überbleibsel aus der Zeit, als die Verwerfungen durch Neubrüche entstanden sind. Entlang dieser Scherzonen treten als Folge der mechanischen Beanspruchung und des rheologischen Verhaltens des Gesteins (unter Rheologie versteht man die Deformation eines Körpers unter Einwirkung von meist schwachen, jedoch zeitlich langanhaltenden Kräften) Kriechbewegungen mit Geschwindigkeiten in der Größenordnung von einigen Zentimetern pro Jahrhundert auf. Dieses „plastische“ Kriechen wirkt einer Verheilung und Verfestigung aneinandergrenzender Störungsflächen entgegen und begünstigt das Entstehen neuer Brüche. Man kann, wie schon erwähnt, in dem Prozeß eine

Rückkopplung sehen, in der sich ein zunächst dreidimensional ausgedehntes Feld kleiner Risse und Scherbrüche durch Selbstorganisation und Selbstverstärkung auf eine zweidimensionale Fläche konzentriert.

Aus der Verteilung der Erdbeben schließt der Stuttgarter Seismologe Götz Schneider auf zwei große, Südwestdeutschland etwa in nordsüdlicher Richtung durchziehende Scherzonen. Die sogenannte *Kaiserstuhl-Scherzone* verläuft auf der östlichen Seite der Tiefscholle des Oberrheingrabens und läßt sich vom Raum Basel über den Kaiserstuhl, die Herdgebiete Lahr-Kehl und Karlsruhe-Kandel bis etwa Lorsch verfolgen. Die zweite Zone enthält das Bebengebiet um Albstadt und wird *Albstadt-Scherzone* genannt. Erdbeben entlang dieser Scherzone traten in den vergangenen hundert Jahren in der Ostschweiz, im Bodenseeraum, in Oberschwaben um Saulgau, auf der westlichen Schwäbischen Alb, am Rande des Fildergrabens bei Stuttgart und in der Gegend von Vaihingen (Enz) auf. All diesen Beben ist gemeinsam, daß die das Erdbeben verursachende Scherdeformation in den beschriebenen Beanspruchungsplan einzuordnen ist. Besonders die Beben auf der westlichen Schwäbischen Alb zeigen weitgehend horizontal verlaufende Scherdislokationen entlang vertikaler Grenzflächen (sog. Horizontal- oder Blattverschiebungen). Die Scherkräfte entlang der Verwerfung sind mit einem „linksdrehenden Moment“ verbunden. Das bedeutet, der westliche Teil der Scherfläche bewegt sich nach Süden, der östliche Teil nach Norden. Ein vergleichbarer Bewegungssinn trat und tritt vielleicht immer noch bei der Horizontalverschiebung der Ränder des Oberrheingrabens auf. Der Schwarzwald wurde in den vergangenen 30 Millionen Jahren nach Norden, die Vogesen nach Süden verschoben.

Die Vielzahl der bei Albstadt auftretenden Beben erlaubt detaillierte Aussagen über deren Tiefenverteilung. Auch sie ist typisch für Beben in Mitteleuropa. Die Herdtiefen liegen zwischen 1 km und 15 km unter der Erdoberfläche mit einer Häufung zwischen 7 und 10 km. Die kristalline Erdkruste, also die Oberkante des Granitgebirges, liegt hier bei 1 km

Tiefe unter der Sedimentbedeckung. Die Sedimente reagieren zu weich oder sind zu zerklüftet, um für ein Erdbeben genug Deformationsenergie speichern zu können. In etwa 20 km Tiefe findet ein Übergang von den sauren, kieselsäurereichen Granitgesteinen der Oberkruste zu den basischen, basaltischen Gesteinen der Unterkruste statt. Bei den hier 600° C übersteigenden Temperaturen kann das Material die in unseren Gebieten auftretenden geringen Deformationsraten von weniger als 1 mm pro Jahr durch plastisches und bruchloses Fließen abbauen. Größere und zu einem Erdbeben führende Spannungsansammlungen sind offenbar nicht mehr möglich. Selbst der durch Auflast, Pressung der Gesteinsporen und Gesteinsverhalten für die Entstehung von Erdbeben optimale Tiefenbereich von 7–10 km zeigt bei einer Feinuntersuchung und Präzisionsbestimmung von Hypozentren Stockwerke, die sich weitgehend aseismisch verhalten. Alle diese Aussagen sprechen dafür, daß selbst in einem für Mitteleuropa so herausragenden Erdbebengebiet wie der Schwäbischen Alb Erdbeben mit Magnituden nahe 6, die zusammenhängende Bruchflächen von über zehn Quadratkilometern benötigen, nur bei einem seltenen Zusammentreffen unterschiedlicher Faktoren auftreten. Für Erdbeben höherer Magnitude steht einfach keine genügend große, zur gleichen Zeit aufgespannte Scherfläche zur Verfügung.

Am Beispiel des Bebens auf der Schwäbischen Alb vom 3. September 1978 soll gezeigt werden, mit welchen Größen der Seismologe den Ablauf eines Bebens beschreibt, „modelliert". Aus an vielen Erdbebenstationen ermittelten Ankunftszeiten der ersten vom Erdbeben herrührenden Bodenbewegung, den „Ersteinsätzen", lassen sich, wie schon beschrieben, Hypozentrum und Herdzeit als Startpunkt des Bebens berechnen. Um 6h 08m 31.74s Lokalzeit trat 1 km östlich der Gemeinde Onstmettingen und 6.5 km unter der Erdoberfläche eine kleine Scherdislokation auf. Niemand, „nicht einmal die Erde", konnte voraussagen, ob der Vorgang nach kurzer Zeit beendet sein oder ob er sich zu einer Lawine entwickeln würde. Die Akkumulation an Deformationsenergie und die

Brucheigenschaften des Gesteins waren aber in der Umgebung des zunächst kleinen Herdes so beschaffen, daß bei dem mit der Dislokation verbundenen Abbau mechanischer Spannung mehr kinetische Energie entstand, als beim Fortschreiten des Bruches durch Gesteinszertrümmerung oder Reibungswärme vernichtet wurde. Der Bruchvorgang konnte so zu einer Lawine anschwellen. Der Bruch breitete sich einseitig („unilateral") in Richtung Süden mit einer Geschwindigkeit der Bruchfront von 2–3 km/s aus. Dabei wurde der alte Stadtkern von Tailfingen durchquert, was zu beträchtlichen Gebäudeschäden führte. Über ein Dutzend Häuser mußten anschließend abgerissen werden. Südlich von Tailfingen kam der Bruch zum Stillstand. Aus Seismogrammanalysen wurden später folgende Kenndaten für das Beben ermittelt: Größe der gesamten Bruchfläche: 17.3 qkm, Herdlänge 4.5 km, Herdtiefenerstreckung 3.8 km. Der Mittelwert des Dislokationsbetrages lag bei etwa 10 cm. Die Intensität im Epizentralgebiet betrug in der Skala nach Mercalli und Sieberg 7–8, bei einer Magnitude von 5.6.

Diese Werte machen den Unterschied zu einem „Weltbeben" deutlich, bei dem Dislokationen im Meterbereich über Bruchlängen von Hunderten von Kilometern stattfinden können.

9. Erdbebenvorhersage

Kein anderes Thema wird unter Seismologen so kontrovers diskutiert wie die Frage, ob Ort, Zeitpunkt und Stärke von Erdbeben vorhergesagt werden können. Die Meinungen reichen von „mit genügend Geld ist alles machbar" bis zur völligen Verneinung. Die Unstimmigkeiten beruhen nicht nur auf wissenschaftlichen Argumenten. Die Gewährung finanzieller Mittel für große, teilweise weltumspannende Forschungsprojekte auf dem Gebiet der Seismologie in den vergangenen 40 Jahren war an zwei Ziele gebunden: an den Nachweis unterirdisch gezündeter Nuklearexplosionen und an die Erdbebenvorhersage. Die erstgenannte Aufgabe wurde erfolgreich gelöst. Ob und mit welchen Methoden Beben vorausgesagt werden können, ist dagegen völlig offen. Zusätzlich ist der Begriff „Erdbebenvorhersage“ so allgemein, daß zur Rechtfertigung von Fördermitteln leicht positive Aspekte angeführt werden können. In keinem anderen Gebiet der Geophysik wird Zweckoptimismus so herausgefordert. Da auch die Medien gerne über Erfolge in der Erdbebenvorhersage und angebliche Kopplungen von Nuklearexplosionen und nachfolgenden Erdbeben berichten, wird eine selbst für Fachleute oft nicht ganz durchsichtige Grauzone zwischen Scharlatanerie und auf seriöser wissenschaftlicher Basis stehenden Ergebnissen geschaffen. Auch ein berechtigter Hinweis auf die Gefahr eines bevorstehenden Erdbebens kann mehr Konflikte schaffen, als ein ohne Vorwarnung eintretendes Beben. Aus diesen Gegensätzen heraus werden, trotz gleicher Zielsetzung bei der wissenschaftlich fundierten Erdbebenvorhersage, in den von starken Beben betroffenen Ländern wie USA, Japan und China sehr unterschiedliche Arbeitsweisen und Interpretationsstrategien zur Lösung dieses Problems eingesetzt.

Landläufig stellt man sich unter Erdbebenvorhersage folgendes vor: Eine verantwortliche Institution gibt an, daß in einem vorgegebenen Gebiet und Zeitraum ein Beben innerhalb eines gewissen Magnitudenintervalls mit einer bestimmten Wahrscheinlichkeit eintritt. Die Güte der Erdbebenvorhersage wird vom Wert der Wahrscheinlichkeit des Eintreffens bestimmt. Gibt man eine Wahrscheinlichkeit von 50% an, so müssen von 10 Vorhersagen 5 ins Schwarze treffen. Mit den heutigen Erkenntnissen der Seismologie könnte vielleicht gesagt werden, auf der Schwäbischen Alb um Onstmettingen und Tailfingen findet 1997 in einem Gebiet von 20 km Länge in Nord-Südrichtung und 10 km Breite ein Erdbeben mit einer Magnitude größer 2 statt. Die Wahrscheinlichkeit des Eintretens liegt bei 95% – für die Erdbebenvorhersage ein ausgezeichneter Wert. Praktisch ist die Vorhersage aber wertlos, da Erdbeben mit derart kleinen Magnituden weder gefühlt werden noch Schäden anrichten. Das Beispiel zeigt, wie dehnbar der Begriff Erdbebenvorhersage ist. Die vier Größen: Ort, Zeit, Magnitude und Eintreffwahrscheinlichkeit, sind in einer

Art Unschärferelation miteinander verbunden. Wird der Intervallbereich, das „Fenster", einer Größe verringert, so müssen die Fenster der anderen Werte entsprechend vergrößert werden. Zu große Ortsfenster mit Angaben wie „die Anden" oder „Kalifornien" machen die Vorhersage weitgehend bedeutungslos. Schränkt man dagegen den möglichen Ort ein, z.B. „Gegend von San Francisco" oder „Oberrheingraben", und setzt zusätzlich eine untere Magnitudenschwelle von M>7 bzw. M>5 an, so wird das Zeitfenster entsprechend groß. Man muß sich dann mit Aussagen wie „langfristig" oder „mittelfristig" begnügen. Die Beben werden so auch nicht mehr „vorhergesagt", sondern „vorhergesehen". Für die Auslegung von Bauwerken und für vorbereitende Maßnahmen im Katastrophenschutz sind diese Informationen aber durchaus wertvoll.

Vor einigen Jahren wollte eine Gruppe japanischer Physiker mit Bruchexperimenten zeigen, daß in einer Erdbebenregion der Zeitpunkt des nächsten Erdbebens grundsätzlich nicht mit nutzbarer Genauigkeit vorauszusagen ist. Fenstergroße Glasplatten wurden an ihren Rändern auf Stützen gelegt und in der Mitte zeitlich ansteigend belastet. So wurden z.B. pro Minute Gewichtsstücke von jeweils 1 Gramm aufgelegt. Die Platten brachen natürlich irgendwann durch, vergleichbar dem Sprödbruch eines Bebens. Das Interessante an diesen Versuchen war nun, daß auch bei fertigungstechnisch identisch hergestellten Glasplatten der Zeitpunkt zwischen Beginn der Belastung und dem Einsetzen des Bruchvorganges eine große Streubreite zeigte. Der Einsatz des Risses hängt nur wenig von der mittleren Bruchfestigkeit des Materials ab. Mikroskopisch kleine, für das Auge nicht erkennbare und normalerweise unbedeutende Eigenspannungen im Glas sind für die plötzliche und ohne Vorzeichen eintretende Auslösung des Bruches verantwortlich. Die Schlußfolgerung lautete nun: Wenn schon bei homogenem Material und reproduzierbarer Belastung der Bruchzeitpunkt unkontrollierbaren Schwankungen unterworfen ist, so erscheint es hoffnungslos, bei der heterogenen Gesteinszusammensetzung der Erde und den unregelmäßig anwachsenden tektonischen Spannungen einen Bruch im Gestein mit praktikabler Genauigkeit voraussagen zu wollen. Der bekannte japanische Seismologe Mogi wies jedoch wenig später darauf hin, daß bei stark heterogen zusammengesetztem Material der Bruchzeitpunkt eine wesentlich geringere Streubreite zeigte. Wären analoge Versuche mit Holz- oder Betonplatten durchgeführt worden, so hätte man nicht nur den Eintritt des Bruches präziser vorhersagen können, sondern das Durchbrechen der Platte wäre beim Holz auch durch ein hörbares Knistern, bei der Betonplatte durch meßbare Emissionen im Ultraschallbereich angekündigt worden. Auf die Erde übertragen bedeutet es, daß Erdbebenzyklen in heterogenen Gebieten, wie es vor allem Subduktionszonen darstellen, gleichmäßiger ablaufen als die Intraplattenbeben in einer homogeneren Lithosphäre.

Bei der Erdbebenvorhersage geht es nun wesentlich darum, signifikante Erscheinungen oder Vorzeichen (engl. precursor), d.h. Abweichungen vom Normalverhalten, zu finden, die auf einen ein größeres Gebiet durchziehenden Gesteinsbruch hindeuten. Bruchvorgänge treten immer dann ein, wenn die mechanische Spannung die Materialfestigkeit übersteigt. Beide Größen müssen nun beobachtet werden. Nachdem für die Öffentlichkeit aber nur Vorhersagen größerer Beben interessant sind, müssen diese Werte über räumlich ausgedehnte Gebiete, unter Einbeziehung der Erdtiefe, gemessen werden.

Seit Jahrhunderten bringt man Änderungen in der Wasserschüttung von Brunnen und im Grundwasserspiegel mit dem Auftreten von Erdbeben in Zusammenhang. Hydrologische Kenngrößen werden nicht nur durch die Niederschläge bestimmt, sondern auch durch Variationen des tektonischen Spannungsfeldes beeinflußt. Das starke Erdbeben vor der Küste von Lissabon im Jahre 1755 führte noch in Mitteleuropa zu Wasserspiegelschwankungen in Ziehbrunnen von über 50 cm. Der Wasserpegel bei Tiefbohrungen in Oberschwaben folgt mit Amplituden von 20 cm den durch die Gezeiten von Sonne und Mond in der Erde hervorgerufenen Druckänderungen. In den oberen Kilometern der Erdkruste ist das porenreiche und zerklüftete Gestein wie ein Schwamm mit Wasser vollgesaugt. Der Wasserstand eines tief in die Erde gebohrten Brunnens ist mit einem Manometer zu vergleichen, das auf einem Wasserkessel sitzt. Schon kleine Deformationen des Volumens führen zu sichtbaren und leicht meßbaren Veränderungen des Pegels. Vor allem in China und Japan werden die Pegel tiefreichender Brunnen ständig kontrolliert.

Ohne Zweifel gibt es Fälle, bei denen vor dem Eintreten großer Erdbeben anomale Schwankungen im Grundwasserspiegel auftreten. Der Seismologe Cinna Lomnitz berichtet über Pegelanomalien, die in China vor dem zerstörenden Erdbeben von Tangshan im Juli 1976 beobachtet wurden. Das Beben forderte mehr als 200000 Opfer. Einige Jahre vor dem Beben begann eine langsame Absenkung des Grundwasserspiegels im späteren Bebengebiet, die sich in den Monaten vor dem Beben beschleunigte. Wenige Stunden vor dem Ereignis stieg der Wasserpegel plötzlich so stark an, daß eine Reihe von Brunnen artesisch wurden und überliefen. Mit Beginn des Bebens stieg vielerorts das Grundwasser um mehrere Meter.

Der Bericht hört sich eindrucksvoll an, doch hat er mit ähnlichen Fallbeschreibungen eines gemeinsam: Die Parameteränderungen wurden erst nach dem Erdbeben erkannt. Es gibt kaum ein starkes Erdbeben, bei dem in der Retrospektive nicht irgendeine Beobachtung gefunden oder konstruiert werden kann, die sich vor dem Beben anomal verhielt. Dabei handelt es sich nicht nur um instrumentell meßbare Größen. Jeder an einer Erdbebenstation arbeitende Seismologe kennt die unzähligen Telefonanrufe, in denen Tierbesitzer über eine ungewöhnliche Verhaltensweise von Hunden, Katzen oder Vögeln vor dem Beben berichten. In China wurden bis vor wenigen Jahren in großen Schlangenfarmen Untersuchungen darüber angestellt, ob die seit Jahrtausenden geäußerten Meldungen zutrafen, Schlangen verließen vor Beben systematisch ihre Erdlöcher. Die Versuche wurden aufgegeben, nachdem sie über Jahrzehnte hinweg keine positiven Ergebnisse erbrachten.

Vor allem in den Ländern USA, Japan und China werden Forschungsprogramme zur lang-, mittel- und kurzfristigen Vorhersage von Erdbeben aufwendig gefördert. Die Untersuchungen beziehen sich vor allem auf die instrumentelle, zeitliche Erfassung direkt oder indirekt mit der Bruchmechanik von Erdbeben ursächlich zusammenhängender Faktoren. So werden beispielsweise die vom Umgebungsdruck abhängenden Ausbreitungsgeschwindigkeiten elastischer Wellen im Gesteinsverband gemessen. In jedem unter Bergdruck stehenden Gestein findet ständig eine Neubildung, Schließung oder Umbildung feinster, oft nur wenige tausendstel Millimeter langer Risse statt. Die Veränderungen sind mit Emissionen im Ultraschallbereich verbunden und können mit hochempfindlichen Körperschallmikrofonen abgehört werden. Aus Zahl und Stärke der Impulse lassen sich Änderungen im Spannungszustand des Untersuchungsgebietes abschätzen. Dem Bergmann sind diese Geräusche als Bergknistern geläufig. Andere Untersuchungsmethoden beziehen sich auf die Verformungen der Erdoberfläche, welche geophysikalisch über Deformationsmeßgeräte und Neigungsmesser oder geodätisch über Triangulations- und Nivellementmessungen erfaßt werden können. Moderne, mit Hilfe von Satelliten arbeitende Navigationsverfahren erlauben seit einigen Jahren, großräumige Verstellungen der Erdoberfläche mit einer Genauigkeit von wenigen Zentimetern nachzuweisen. Es gibt heute viele ausgezeichnete Meßverfahren, doch ist die Interpretation der Meßdaten nach wie vor problematisch und oft vieldeutig. Der als Hooksches Gesetz bekannte Zusammenhang zwischen mechanischer Spannung und Deformation gilt im Erdgestein nämlich nur sehr bedingt, vor allem wenn über längere Zeit beobachtet wird. Plastisches Materialkriechen kann dazu führen, daß trotz offensichtlich großer Deformationen nur unbedeutende mechanische Spannungen aufgebaut werden. Noch wesentlich kompliziertere Verhältnisse treten in der Bestimmung der Gesteinsfestigkeit auf. Hier gibt es nur indirekte Meßmethoden. Die Zunahme von Mikrorissen im Gestein läßt sich mit erhöhter Permeabilität, also Durchlässigkeit gegenüber Wasser und Gasen, in Verbindung bringen. Vor einem Beben bei Taschkent (Uzbekistan) im Jahre 1966 wurde bei Brunnen ein starker Ausstoß des vorher in Wasser gelösten Edelgases Radon festgestellt. Radon ist als Zerfallsprodukt von Radium schwach radioaktiv, wodurch mit einfachen Meßmethoden die Konzentration in der Bodenluft meßbar wird.

Die grundlegenden Probleme bei dem Versuch, für ein bestimmtes Gebiet ein Beben nach Ort, Zeit und Stärke vorherzusagen, liegen aber gar nicht auf instrumenteller Seite. Vermutlich sind sie selbst bei einem Großeinsatz mit aufwendigen Meß- und Beobachtungsverfahren nicht zu lösen. Erdbeben sind physikalisch äußerst komplex ablaufende, sich in Einzelheiten niemals wiederholende Prozesse. Ihre Quantifizierung ist nur mit Hilfe stark vereinfachter Arbeitsmodelle möglich. Das Reidsche Modell stellt eine gute Näherung an die Kinematik des Erdbebenherdes dar. Es sagt aber nichts über die realen Faktoren aus, welche Beben vorbereiten und schließlich zum Bruch führen. Die Plattentektonik liefert eine plausible Erklärung, warum es überhaupt zu Erdbeben kommt. Diese ruckartig ablaufenden Dislokationen, die wir Erdbeben nennen, stellen aber nicht die dominierende Begleiterscheinung in der Relativbewegung von kontinentalen oder ozeanischen Platten zueinander dar. Die tektonischen Verschiebungen und Deformationen laufen mehr in Form von langsam erfolgendem viskosem oder plastischem Materialfließen ab, dessen sichtbare Auswirkungen an der Erdoberfläche nur innerhalb von Generationen merkbar werden. Erdbeben sind an der Alpenauffaltung beteiligt. Ihr Beitrag stellt aber nur einen Bruchteil der ständig vorhandenen, für den Menschen nicht katastrophal ablaufenden Kriechvorgänge dar.

Erdbeben werden manchmal als Unfälle im tektonischen Bewegungsablauf der Erde angesehen. Das nächste Erdbeben kommt bestimmt, genauso wie der nächste Verkehrsunfall auf einer Autobahn. Wie es auf der Autobahn Unfallschwerpunkte gibt, so gibt es auf der Erde Schwerpunkte für Erdbeben. In dieser Analogie sind Erdbeben invers ablaufende Verkehrsunfälle. Während beim Verkehrsunfall im schnellen Strom der Automobile lokal eine ruckartige Verzögerung auftritt, wird beim Erdbeben die Kriechbewegung entlang von Grenzflächen ruckartig beschleunigt. In beiden Fällen wird die Unfallhäufigkeit von äußeren Einflüssen gesteuert. Im Verkehr sind es Nebel, Regen und Glatteis – in der Erde ein Ansteigen des Drucks und der Deformation und eine Schwächung der Materialfestigkeit. Dies sind notwendige Voraussetzungen, die beobachtet werden können. Der kritische Wert, bei dem die Instabilität im Bewegungsablauf einsetzt, wird jedoch durch das Zusammenwirken vieler Faktoren erreicht. Irgendeine Einflußgröße wird mit einer an sich völlig unbedeutenden Abweichung das System schließlich zum Kippen bringen. So wenig in diesem Ablauf ein einzelner Autounfall vorausgesagt werden kann, so wenig kann ein einzelnes Erdbeben vorhergesagt werden.

Es gibt noch weitere Gemeinsamkeiten mit dieser Unfallanalogie. Versicherungsgesellschaften können die Risiken von Erdbeben recht gut einschätzen. Grund dafür ist die Stationarität der Plattenverschiebungen, wenn über einen Zeitraum von vielleicht fünfzig oder hundert Jahren gemittelt wird. Die Erdbebenkataloge vieler Länder erstrecken sich über mehrere hundert Jahre. Auf dieser Grundlage kann die seismische Gefährdung eines Gebietes mit den für Menschen und Bauwerke verbundenen Risiken statistisch eingeordnet werden.

10. Erdbebengefährdung und erdbebensichere Bauweise

Erdbeben sind keine Naturkatastrophen. Vor hundert Jahren schrieb der italienische Seismologe Baratta: „Die Menschen werden nicht vom Erdbeben, sondern von ihren Bauwerken erschlagen." Von der Bautechnik her können Gebäude so erdbebenresistent errichtet werden, daß auch im ungünstigsten Fall Menschen nicht zu Schaden kommen. Starke und schadenverursachende Bodenerschütterungen stellen allerdings auch in bebenaktiven Ländern wie Kalifornien, Japan oder Italien immer noch seltene Ereignisse dar. Selbst hier werden die wenigsten Einwohner in ihrem Leben mit einem Erdbeben konfrontiert, das sie mehr als nur ein paar Sekunden in Schrecken versetzt. Erdbebensicheres Bauen kostet Geld und erfordert Einschränkungen in der Wahl des Baugeländes. Vor allem in der Nähe von Küsten und im Gebirge sind bevorzugte Ansiedlungslagen vom Baugrund her am stärksten erdbebengefährdet. Die Praxis kommt deshalb nicht ohne Kompromisse zwischen Kosten, Nutzen und der Bereitschaft zu Schaden an Eigentum und der Gefährdung von Menschenleben aus. Absolut gesehen und in einem weltweiten Maßstab ist die Zahl der Erdbebenopfer allerdings groß. Im Zeitraum zwischen 1900 und 1995 wurden etwa 1,5 Millionen Menschen Opfer von Erdbeben.

Der japanische Erdbebenforscher Mogi veröffentlichte eine interessante Aufstellung. Im Durchschnitt nahm die jährliche Zahl der bei Beben ums Leben gekommenen Menschen vom Beginn unseres Jahrhunderts bis zum Jahr 1955 kontinuierlich ab, um anschließend wieder anzusteigen. Der Verlauf ist weniger durch die Fluktuation in der Seismizität bedingt. In dem Rückgang zeigt sich vor allem die Einführung von in vielen Ländern konsequent durchgeführten Bauvorschriften in erdbebengefährdeten Gebieten. Die ab den fünfziger Jahren in den Entwicklungsländern schnell wachsende Bevölkerung ließ jedoch den Trend der Kurve dramatisch umkehren. Von den 25 Großstädten auf der Welt mit mehr als 10 Millionen Einwohnern liegen 14 in mäßig bis stark erdbebengefährdeten Zonen. Dazu gehören vor allem Mexico City (25 Mill.), Tokyo mit Umgebung (23 Mill.), Teheran (14 Mill.), Jakarta (14 Mill.) und Los Angeles (12 Mill.).

Es genügen wenige einfache Regeln, um Gebäude selbst starken Bodenbewegungen gegenüber weitgehend resistent zu machen. Im Jahre 1783 wurde Kalabrien von einer Serie von Erdbeben verwüstet. Für den Wiederaufbau der an der Straße von Messina gelegenen Stadt Reggio di Calabria wurden strenge, auch modernen Erkenntnissen entsprechende Bauvorschriften erlassen.

Die Hauptpunkte lauteten:

1. Die Bauart eines Hauses sei einfach und elegant. U- oder L-förmige Grundrisse sind zu vermeiden.
2. Die Häuser dürfen nur ein Stockwerk besitzen und dürfen nur 30 Spannen hoch sein. Die Gebäude auf öffentlichen Plätzen und breiten Straßen dürfen dieses Maß um neun bis zehn Spannen überschreiten, indem sie auch einen Halbstock besitzen dürfen.
3. Verboten sind größere Balkone. Es dürfen nur kleine und leichte Balkone, möglichst weit von den Winkeln der Mauern entfernt angebracht werden.
4. Eisenschließen müssen durch alle Mauern nach allen Richtungen gezogen werden.
5. Das Innere der Häuser muß einen Rost von gut verbundenen Bauhölzern enthalten.
6. Die Anbringung von Kuppeln und Türmen ist grundsätzlich verboten.

Im nachfolgenden 19. Jahrhundert trat in Süditalien nur eine untergeordnete seismische Aktivität auf. Dies hatte verheerende Folgen. Nicht nur bei Neubauten wurden die Bauvorschriften vergessen. Das von den Vorfahren nach der Erdbebenserie von 1783 errichtete Haus wurde als stabiler Rumpfbau betrachtet, den man gut als Träger für weitere Stockwerke und große Balkone verwenden konnte. Freie Plätze wurden überbaut und aus breiten Straßen wurden enge Gassen. Die Katastrophe war vorprogrammiert. Am 28. Dezember 1908 richtete ein in der Straße von Messina auftretendes Erdbeben der Magnitude 7 in den angrenzenden Städten Reggio di Calabria und Messina fürchterliche Schäden an und forderte das Leben von mindestens fünfzigtausend Menschen.

Es ist klar, daß die einfachen Bauvorschriften in einer modernen Industriegesellschaft mit Kernkraftwerken und in Ländern mit hoher Bevölkerungsdichte nicht mehr ausreichen. Für Industriebauten und Hochhäuser müssen Vorkehrungen zur Erdbebensicherheit gegen finanzielle Belastungen und andere ökonomische Einschränkungen abgewogen werden. In

den westlichen Industrieländern geht man im allgemeinen von folgender Sicherheitsphilosophie aus:
- Gebäude und Inneneinrichtungen müssen schwache Einwirkungen von Erdbeben ohne Schäden überstehen.
- Bei mäßig starken Beben dürfen keine irreparablen Schäden am Gebäude auftreten.
- Bei starken Beben läßt man auch irreparable Schäden (die einen Abbruch bedingen können) am Gebäude bewußt zu. Es muß jedoch Sorge dafür getragen werden, daß weder vom Gebäude noch von den Inneneinrichtungen her Personenschäden zu befürchten sind.

Erschütterungen des Erdbodens haben in einem als starr und nicht deformierbar gedachten Gebäude entsprechend dem Newtonschen Gesetz Trägheitskräfte zur Folge, die zur Bodenbeschleunigung und zur Masse des Gebäudes proportional sind. Für diesen Fall kann die Belastung durch Erdbeben einfach bestimmt werden. Nur kleine, ein- oder zweistöckige Gebäude in solider Bauweise können jedoch in den Berechnungen zur erdbebensicheren Bauweise als starre Körper angesehen werden. Bei größeren und vor allem bei schlanken Bauwerken müssen die auftretenden Deformationen mit berücksichtigt werden. Sie führen dazu, daß Teile des Gebäudes wesentlich stärkeren Kräften ausgesetzt sein können, als es der einfachen Formel Bodenbeschleunigung mal Gesamtmasse entspricht.

Das elastische Verhalten der Gebäude führt zu ausgeprägten Eigenschwingungen. Bei komplexen Gebäuden kann die rechnerische und meßtechnische Bestimmung dieser Resonanzen außerordentlich aufwendig werden. In einer Faustformel läßt sich die Grundschwingung hoher und schlanker Bauwerke abschätzen. Sie beträgt, in der Einheit von Hertz, 10 dividiert durch die Anzahl der Stockwerke. Ein fünfstöckiges Gebäude zeigt demnach eine Resonanzfrequenz von etwa 2 Hz. Bei allen dynamischen Systemen wirken sich Eigenschwingungen besonders dann stark aus, wenn die Eigenfrequenzen den Anregungsfrequenzen entsprechen. Wird der Resonanzkörper einer Glocke angeschlagen, so schwingt der Ton nach.

Je kleiner die mechanische Dämpfung des Systems ist, um so länger klingt der Ton nach. Die Eigenfrequenzen von Gebäuden sind schwach gedämpft und betragen nur wenige Prozent des Wertes der „kritischen" Dämpfung. Bei der kritischen Dämpfung klingt das angeregte System maximal schnell ab.

Bei diesen Gebäudemerkmalen ist es verständlich, daß vor allem in Hochhäusern Erdbeben aus größerer Entfernung zu spüren sind. Bei der Ausbreitung von Erdbebenwellen werden durch die Absorption der Erde die hohen Frequenzen stärker geschwächt. In einer Entfernung von etwa 1000 km vom Beben treten z.B. bevorzugt Frequenzen um 0.5–0.3 Hz auf. Da es sich um Oberflächenwellen handelt, können die Schwingungen eine Minute und länger andauern. Dadurch werden Hochhäuser mit 20 oder mehr Stockwerken zu Eigenschwingungen angeregt. Die am Fußpunkt des Gebäudes angreifenden horizontalen Kräfte wirken sich in den oberen Stockwerken des Gebäudes besonders kräftig aus, vergleichbar dem Verhalten eines invertierenden, also unten eingespannten und oben frei schwingenden Pendels.

Der Seismologe hat die Aufgabe, dem Bauingenieur für ein vorgegebenes Gebiet die durch Erdbeben hervorgerufenen möglichen Bodenbeschleunigungen anzugeben. Die Angabe eines maximalen Wertes, z.B. 20% der Erdbeschleunigung, genügt nur bei einfachen Bauten. Speziell bei Bauwerken mit hohen Sicherheitsansprüchen wird der gesamte Verlauf der Bodenbeschleunigung als Funktion der Zeit in die Stabilitätsberechnungen mit einbezogen. Dies gilt besonders auch für lange Rohrleitungen, wie sie in der chemischen Industrie verwendet werden, oder für große Tanklager.

Es ist jedoch nicht nur die Stabilität der Baukonstruktionen zu betrachten. Bei einer Reihe von Erdbeben der letzten Jahre hätten die Gebäude den Bodenerschütterungen vermutlich gut widerstanden, doch ist bei der Deformation des Bodens durch die Erdbebenwellen die Formfestigkeit des Baugrundes zusammengebrochen. Gebäuden oder Brückenpfeilern wird praktisch „der Boden unter den Füßen weggezogen". Der

Vorgang tritt vor allem bei weichem und lockerem Untergrund auf. Besonders betroffen sind wassergesättigte Tone oder Sande, die sich unter dem Einfluß von Vibrationen nahezu verflüssigen können. Viele Städte auf der Welt wurden in Flußtälern oder entlang von Seen oder Meeren gegründet. Der oberflächennahe Untergrund besteht hier vornehmlich aus Schwemmsanden und anderen jungen und damit wenig komprimierten, weichen Ablagerungen. Für die Anlage von Siedlungen bietet dies viele Vorteile. Die Wechsellagerungen von Sanden und Tonen ergeben Horizonte von gut gefiltertem Grundwasser, Brunnen sind leicht zu graben, und von der Statik her können selbst Hochhäuser ohne allzu großen Aufwand bei der Fundierung errichtet werden. Probleme treten erst bei der dynamischen Beanspruchung der Bauwerke durch Beben auf. Zu stark erdbebengefährdeten Städten mit derartigem Untergrund gehören Los Angeles, Managua, Lima, Bogota, Tokyo und Messina. Ein tragisches Fallbeispiel liefert das auf einem trockengelegten Sumpf gegründete Mexico City. Die katastrophalen Folgen des Erdbebens von 1985 liegen hauptsächlich darin, daß viele der zusammengebrochenen Hochhäuser auf zu wenig tief in den Boden eingelassenen Pfeilern standen. Die Einwohner berichteten, beim Erdbeben hätten die Hochhäuser Bewegungen wie auf einem schwankenden Schiff ausgeführt, wodurch benachbarte Gebäude aneinander schlugen, sich gegenseitig zertrümmerten und zum Einsturz brachten.

11. Tsunami

Als in den frühen Morgenstunden des 28. Dezember 1908 die Stadt Messina von einem starken Erdbeben erschüttert wurde, flüchteten viele Menschen zu den breiten Uferstraßen entlang der Meerenge, um der Gefahr weiterer Einstürze und auftretender Brände zu entgehen. Sie erlebten dort ein eigenartiges Schauspiel: Wenige Minuten nach Abklingen der seismischen Wellen zog sich das Meer vom Ufer zurück. Felsenklippen, die gewöhnlich nur knapp über das Wasser ragten, hoben sich plötzlich wie Türme heraus. Dabei erschien das Meer völlig ruhig. Doch eine halbe Stunde später kehrte sich das Bild um. Ein Zollbeamter berichtete später: „Hoch wie ein Haus war die gewaltige Woge und kam heran wie Öl, lautlos, ohne Wellen, ohne Schaum." In dieser Woge ertranken Hunderte von Menschen. Nicht wenige wurden Opfer von Haien, die damals in der Straße von Messina zahlreich auftraten.

Tsunami (das Wort stammt aus dem Japanischen und setzt sich zusammen aus *tsu* = Hafen und *nami* = Welle) sind Flutwellen, die von einer schnellen vertikalen Verschiebung des Ozeanbodens erzeugt werden. Die Herdfläche des Messinabebens lag in der Meerenge zwischen Kalabrien und Sizilien, wobei der Herdprozeß eine Absenkung des Meeresbodens von einem Meter verursachte. Die größte je beschriebene Flutwelle wurde im Mai 1960 von einem vor der Küste von Chile liegenden Beben erzeugt. Der Tsunami überquerte den Pazifischen Ozean und erreichte nach 22 Stunden die japanische Küste. Schiffe auf dem Ozean bemerkten die Flutwelle nicht. Bei einer Wellenhöhe von etwa einem Meter und einer Periode der Schwingung von zehn Minuten liegen die dazugehörigen Beschleunigungen weit unter der Fühlbarkeitsgrenze. Probleme treten erst auf, wenn die Welle flaches Wasser in Küstennähe erreicht. Die Ausbreitungsgeschwindigkeit des Tsunami hängt von der Wassertiefe ab. Sie beträgt im tiefen Ozean 700 km/h, wird aber beim Übergang zum Flachwasser drastisch abgebremst. Aus Gründen der Energieerhaltung führt dies zu einer Erhöhung der Wellenfront. In eng eingeschnittenen Buchten oder Flußmündungen können Resonanzeffekte die Flutwelle zusätzlich aufsteilen. So lief der vom Chile-Beben erzeugte Tsunami an einigen Orten im 15 000 km entfernten Japan zu Fluthöhen von über 20 Metern auf und kostete 200 Menschen das Leben.

Physikalisch gesehen stellen Tsunami Oberflächenwellen im Wasser dar. Die Ausbreitungsgeschwindigkeit v ergibt sich aus der Beziehung

$$v = \sqrt{g \cdot d}$$

wobei $g = 9.81\ m/sec^2$ (Schwerebeschleunigung) und d die Wassertiefe darstellt. Nachdem die Erdgravitation in die Formel für die Ausbreitung eingeht, spricht man auch von Schwere- oder Gravitationswellen. Da sich Tsunami sehr viel langsamer ausbreiten als seismische Wellen, konnte man ein System zur Warnung der Bevölkerung aufbauen, das vor allem im pazifischen Raum eingesetzt wird. Mit Hilfe von Seismogrammen werden innerhalb weniger Minuten nach Eintreten eines Erdbebens der Ort, die Stärke und der aus der Herdmechanik zu vermutende vertikale Versatz des Meeresbodens berechnet. Bei Verdacht eines auftretenden Tsunami werden gefährdete Küstenorte über Zeitpunkt und Stärke der Flutwelle informiert, so daß dort Alarmsysteme ausgelöst werden können. Trotz der erfolgreichen Arbeit des Pacific Tsunami Warning Center (PTWC) mit Hauptsitz in Honolulu (Hawaii) ist die Herausgabe von Warnungen nicht ganz unproblematisch. Als ein starkes Erdbeben am Karfreitag des Jahres 1964 von Alaska aus Tsunami über den ganzen Pazifik schickte, strömten nach der Radiowarnung Zehntausende von Menschen an die Küsten Kaliforniens, um das zu erwartende „Naturschauspiel" aus nächster Nähe verfolgen zu können.

III. Vulkane

1. Einführung

Grundlegende Probleme

„Wenn wir aber die Gedanken überblicken, die zahlreiche Forscher zur Erklärung der vulkanischen Erscheinungen seit den ältesten Zeiten bis zur Gegenwart geäußert haben, so erkennen wir trotz mancher zeitweiliger Rückschritte doch entsprechend der höheren Entwicklung der Wissenschaften im allgemeinen sehr bedeutende Fortschritte. So können wir denn wohl das Vertrauen haben, daß geduldige Weiterarbeit und sorgfältiges Weiterdenken uns doch dem Ziel besserer Erkenntnis allmählich näherbringen müssen, so weit wir auch jetzt noch davon entfernt sind. Neues zuverlässiges Tatsachenmaterial zu sammeln, dürfte als wichtigstes Ziel der künftigen Studien anzusprechen sein, denn nur solches kann dereinst eine tragfähige Unterlage für befriedigendere Theorien werden, als man bisher zu ersinnen vermocht hat."

Mit diesen Sätzen endet das im Jahre 1927 herausgegebene Buch „Vulkankunde", verfaßt von einem der Altmeister der Vulkanologie, dem Würzburger Professor Karl Sapper. Seine Aussagen gelten ohne Abstriche auch am Ende des 20. Jahrhunderts. Zweifellos wurden in den vergangenen Jahrzehnten in allen Bereichen vulkanologischer Forschungen immense Fortschritte gemacht. Sie sind besonders ausgeprägt in den experimentellen Beobachtungstechniken und quantitativen Auswerteverfahren von geophysikalischen, geochemischen und petrologischen Untersuchungen. Die fast unbegrenzten Möglichkeiten im Einsatz moderner Meßtechnik, sei es bei der Verwendung neuer Seismometer, bei der in Echtzeit erfolgenden Fernübertragung von Daten unbemannter Beobachtungsstationen zu Observatorien oder bei der Fernüberwachung eines Vulkans mit Hilfe von Satelliten auf mögliche thermische, geodätische und geochemische Abweichungen, stellen dem Vulkanologen ein Instrumentarium zur Verfügung, das völlig neue Einblicke in vulkanische Abläufe erlaubt, bis jetzt aber nur ansatzweise genutzt wird. Mit Sapper können wir auch heute sagen, daß die vergangenen Jahre neue und wichtige Erkenntnisse gebracht haben. Sie zeigen sich aber mehr in einer präziseren Fragestellung als in fundierten Antworten. Erst die modern durchgeführten Forschungsarbeiten geben einen Einblick in die ungeheure Komplexität eruptiver vulkanischer Dynamik. Die Wirklichkeit von Lavafontänen, die über Stunden und Tage anhalten und viele hundert Meter hoch sind, bereitet den mit den Prinzipien der Physik und der Strömungsmechanik vertrauten Vulkanologen heute sehr viel mehr Kopfzerbrechen als ihren Kollegen aus früheren Zeiten. So grundlegende Fragen, wie welche Ursachen für die Änderungen im eruptiven Verhalten eines Vulkans maßgebend sind oder warum und wann ein Feuerberg aus einem inaktiven in einen aktiven Zustand übergeht, können heute genausowenig beantwortet werden wie in früheren Zeiten. Kaum ein Vulkan der Erde ist besser untersucht als der Vesuv bei Neapel. An seinen Flanken wurde 1857 das weltweit erste Institut für die Physik der Erde gegründet und der erste Seismograph aufgestellt. Weit über tausend wissenschaftliche Artikel wurden über den Aufbau und die vulkanische Tätigkeit des Berges geschrieben. Trotz dieses hohen Wissensstandes läßt sich eine fundamentale und für das umliegende Land entscheidende Frage nicht einmal im Ansatz beantworten: Warum ist nach einer fast pausenlosen Aktivitätsphase zwischen den Jahren 1631 und 1944 der große Vesuvkrater heute völlig ruhig? Der Vesuv begann seine Tätigkeit vor über 15 000 Jahren. Schon allein aus Gründen der Erhaltungstendenz im Ablauf geologischer Prozesse ist es unwahrscheinlich, daß mit dem Jahr 1944 die vulkanische Tätigkeit des Berges für alle weiteren Zeiten erloschen sein soll. Auch mit dem ganzen Wissen der modernen Vulkanologie und ihren hochqualifizierten Meßmöglichkeiten ist jedoch keine auch nur einigermaßen befriedigende Antwort auf Fragen möglich, wie: Kommt der nächste Ausbruch in einer Woche oder in tausend Jahren? Wie sieht dann der Übergang von der Ruhe- in die Aktivitätsphase aus? Dauert er eine Stunde, eine Woche oder länger? Welche visuell und instrumentell beobachtbaren Vorläufer gehen einer neuen Tätigkeit voraus? Geowissenschaftler können diese Probleme nur angehen, ohne zu wissen, ob und wann sie jemals beantwortet werden können.

Historische Erklärungen und Konsequenzen

In der Naturphilosophie der Antike wurden Vulkane als unwichtige Begleiterscheinungen von Erdbeben angesehen. Das griechische Festland ist frei von Vulkanen, und auch die vulkanischen Inseln der Ägäis und der Vesuv waren in dieser Zeit wenig oder nicht aktiv. Die eruptive Tätigkeit der Äolischen Inseln mit Vulcano und Stromboli wurde zwar in Schriften vermerkt, doch war die Inselgruppe zu abgelegen, um auf das Phänomen des Vulkanismus größere Aufmerksamkeit zu lenken. Lediglich der Ätna in Sizilien war von Interesse. Anfänglich wurden im Altertum alle feuerspeienden Berge als „Ätna“ bezeichnet, bis dann der Name des Feuerbergs der Insel Hiera, das spätere Vulcano im Tyrrhenischen Meer nördlich Siziliens, namensgebend wirkte. Für Aristoteles war bewegte und in der Erde eingespannte Luft die Ursache von Erdbeben. Die Feuererscheinungen der Vulkane erklärte er als Entzündungen der komprimierten Luft. Eingehende Beschreibungen der vulkanischen Tätigkeit im Mittelmeerraum lieferte der Stoiker Posidonius. Er suchte nach einem Brennmaterial und gab Schwefel und Bergteer (Asphalt oder Pech) als wärmeerzeugende Substanzen an. Im europäischen Mittelalter wurden die Gedanken der Antike mit dem Glauben des Christentums an die Bibel als Quelle aller Erkenntnisse verknüpft. Die Vulkane waren Pforten zum Höllenfeuer aus Pech und Schwefel. Unter dem Deckmantel der Religion wurden phantastische Spekulationen geäußert.

Ende des 18. Jahrhunderts begann in Physik und Chemie eine Zeit vieler großer Entdeckungen. Die Euphorie ermunterte bekannte Forscher aus diesen Gebieten zu Aussagen über die Herkunft und Natur der vulkanischen Wärme. Unterstützt von dem französischen Physiker Gay-Lussac vertrat der große englische Chemiker Davy die Anschauung, Vulkanismus beruhe auf den exothermen Reaktionen beim Zutritt von Wasser zu Alkalien und anderen Elementen im nichtoxidierten Zustand. Auch die in dieser Zeit noch sehr geheimnisvolle Elektrizität wurde zu Erklärungsversuchen herangezogen. So sollte z.B. Reibungselektrizität aus der Erde austretenden Wasserstoff zum Brennen bringen.

Der Beginn der modernen Vulkanologie ist untrennbar mit dem Namen von Sir William Hamilton verknüpft. Hamilton, englischer Botschafter am Königshof in Neapel, war fasziniert von dem Ende des 18. Jahrhunderts. sehr tätigen Vesuv und wurde ein begeisterter Vulkanologe. Im Gegensatz zu vielen anderen Gelehrten seiner Zeit erkannte er, daß verläßliche Aussagen zu Herkunft und Wesen des Vulkanismus nicht, wie er sagte, vom bequemen Sessel aus, sondern nur auf der Grundlage umfangreicher Feldbeobachtungen und deren Interpretation zu machen sind. Er unterschied Fließformen von Lavaströmen, ließ erstmals chemische Analysen von vulkanischen Gesteinen und Gasen durchführen und zeigte, daß Vulkanberge als Aufschüttungskegel entstehen. Seine Hauptleistung besteht in der auf vielen Beobachtungen basierenden Folgerung, daß der Herd eines vulkanischen Feuers weit in der Tiefe sitzt und Vulkanismus ganz allgemein eine Nachwirkung von Vorgängen während der Entstehung des Planeten Erde darstellt. Johann Wolfgang von Goethe traf bei seinen italienischen Reisen mehrmals mit Hamilton zusammen. Trotz der überzeugenden Argumente Hamiltons ließ Goethe sich jedoch nicht von seiner Vorstellung abbringen, Vulkanismus beruhe auf „Erdbränden im Gefolge grenzenlos ausgedehnter Kohlenlager".

Hamiltons umfangreiche, nicht selten unter Lebensgefahr vorgenommenen Untersuchungen am Vesuv und an anderen Vulkanen, also „am Objekt", waren der Schlüssel zu seinem Erfolg. Viele der an ein Labor gewöhnten Physiker und Chemiker jener Zeit wollten sich offenbar den Strapazen von Bergbesteigungen und Feldaufnahmen nicht unterziehen und gaben nach erfolglosen Spekulationen ihre Beschäftigung mit dem Vulkanismus weitgehend auf. Die Vulkanologie wurde fortan zur Domäne von Geographen und Geologen. Unter den wenigen Ausnahmen findet man den berühmten Chemiker Robert Bunsen, der Ende des 19. Jahrhunderts noch heute gültige Arbeiten zum Ausbruchsgeschehen von Geysiren durchführte.

In den Vulkanen besitzen wir ein Fenster zu einem uns sonst unzugänglichen tieferen Erdinneren. Hamilton war ein Wegbereiter zu der Erkenntnis, daß nur durch eine umfangreiche, systematische und nach wissenschaftlichen Prinzipien am Vulkan vorgenommene Datenaufnahme Aussagen über das Erdinnere zu machen sind. Der Wissenschaftler versucht nun, zwischen seinen Beobachtungen („Daten") und seinen zwar nach logischen und naturwissenschaftlichen Gesetzmäßigkeiten, aber dennoch weitgehend willkürlich zustandegekommenen Erklärungsversuchen zur Wirkungsweise eines Vulkans eine Brücke zu schlagen. Die zur Verfügung stehenden Daten stellen jedoch immer nur eine gewisse Teilmenge der am Vulkan ablaufenden Phänomene dar. Technische wie finanzielle Hintergründe erzwingen Kompromisse, während sich der Beobachtungszeitraum nur auf einen Bruchteil im Leben des Vulkans erstreckt. Daraus wird verständlich, daß sich ganz verschiedene und sogar widersprüchliche Modellvorstellungen zur Wirkungsweise von Vulkanen mit den Beobachtungen in Einklang bringen lassen und eindeutige Aussagen nicht immer möglich sind. Erweiterte Vulkanbeobachtungen mit neuen Erkenntnissen, beispielsweise aus der Strömungsmechanik oder im Verhalten von Materie bei hohen Temperaturen und Drücken, schränken die Auswahl möglicher Modelle zwar ein, doch gilt auch hier die Regel „je präziser die Aussage, desto unsicherer ist sie zu bewerten".

2. Aufschmelzvorgänge im Erdmantel

Magmenbildung in Dehnungsstrukturen

Bis Ende des 19. Jh. wurde für den Aufbau der Erde angenommen, eine 20 bis 50 km mächtige feste Kruste (die „Panzerdecke") spanne sich weltweit über einen darunter liegenden „Magmaozean". Erst mit den Untersuchungen zur Ausbreitung von Erdbebenwellen wurde erkannt, daß außer dem in 2900 km Tiefe beginnenden metallischen Erdkern der Erdkörper eine etwa Stahl entsprechende Scherfestigkeit besitzt und damit sicher nicht als flüssig angesehen werden kann. Dies war zunächst erstaunlich, denn viele junge Gesteine der Erdoberfläche weisen eindeutig auf eine Erstarrung aus einem schmelzflüssigen Zustand hin, und die aktuellen Lavaströme der Vulkane zeigen, daß auch heute noch Gesteinsschmelzen in der Erde vorkommen müssen.

Erst durch die in der Mitte dieses Jahrhunderts möglich gewordenen präzisen Messungen zur Ausbreitung von Erdbebenwellen fand man im oberen Erdmantel eine geringe Abnahme in der Ausbreitungsgeschwindigkeit seismischer Signale und eine leicht erhöhte Absorption bei Scherwellen. Ein Vergleich mit im Labor vorgenommenen Hochdruckversuchen an Gesteinen ließ daraus im Tiefenbereich von etwa 100 bis 200 km eine Erdtemperatur nahe der Schmelztemperatur des Mantelgesteins erwarten. Die Vermutung eines Aufschmelzens von Teilkomponenten des heterogen zusammengesetzten Mantelgesteins, eines „partiellen Schmelzens", lag somit nahe.

Allerdings wurde erst mit der auf Konvektionsströmen basierenden Plattentektonik eine plausible Deutung zum Entstehen partieller Schmelzen in der Erde gefunden. Am Beispiel der ozeanischen Schwellen oder Rücken soll der Vorgang verdeutlicht werden.

Greifen wir aus 200 km Tiefe ein kleines Volumelement Erdmantelgestein heraus. Mit dem Aufstieg im Konvektionsstrom erfährt die Probe eine Druckentlastung. Bei der für

Vorgänge im tieferen Erdinneren schnellen Strömungsgeschwindigkeit von einigen Millimetern pro Jahr ist die Wärmeabgabe an die Umgebung über Wärmeleitung vernachlässigbar. Der Vorgang kann deshalb als adiabatisch angesehen werden, man spricht von adiabatischer Dekompression. Druckversuche an Material, wie es im Erdmantel vorkommt, haben gezeigt, daß in den Phasenübergängen (fest zu flüssig oder flüssig zu fest) sowohl die Solidus- als auch die Liquiduskurven des Gesteins bei geringer werdender Druckbelastung zu tieferen Temperaturen verschoben werden. Infolge der Heterogenität des Gesteins und seiner Zusammensetzung aus vielerlei Mineralkomponenten fallen Solidus- und Liquiduskurve nicht zusammen. Unterhalb der Soliduskurve sind alle Mineralkomponenten in der festen, oberhalb der Liquiduskurve alle in der flüssigen Phase. Zwischen den beiden Kurven liegt ein Zustand ähnlich dem eines wassergetränkten Schwammes. In der festen Matrix des Korngerüstes befinden sich fluide Tröpfchen.

Ein typisches Gestein des oberen Erdmantels ist Peridotit. Steigt dieses Material aus einer Umgebungstemperatur von 1500° C auf, so wird bei einem hydrostatischen Druck von 30 kb, entsprechend etwa 100 km Erdtiefe, die Soliduskurve überschritten, und es findet ein partielles Aufschmelzen statt. Die für den Schmelzprozeß benötigte latente Wärme führt danach zu einer schnelleren Abnahme der Temperatur in Richtung Erdoberfläche. Während in der Solidusphase die vertikale Temperaturänderung ca. 0.5° C/km beträgt, steigt sie im Aufschmelzbereich auf den zehnfachen Wert. Ohne diese Stabilisierung wäre die Erdoberfläche entlang der ozeanischen Rücken von riesigen Magmaseen bedeckt.

Im Zentrum der ozeanischen Schwellen erreicht der Konvektionsstrom bei ca. 6 km Tiefe die geringste Entfernung zur Oberfläche. Beim Ablenken des Stromes in die horizontale Richtung kühlt er mit zunehmender Entfernung von der Schwellenachse ab, und es kommt zu einer Verdickung der entstehenden Lithosphärenplatte. Gleichzeitig nimmt symmetrisch zum ozeanischen Rücken der von Temperatur und

Druck abhängige Prozentsatz der partiellen Schmelze im Festgestein ab. An der Rückenachse beträgt die Aufschmelzung 20 Prozent, in einigen hundert Kilometern Entfernung sind es nur noch wenige Prozent. Entsprechend ändert sich auch der Chemismus: In der Nähe der ozeanischen Rücken herrschen tholeitische Basalte vor, weiter weg sind es alkalische Basalte.

Die Tröpfchen in der festen Gesteinsmatrix stellen das Ausgangsprodukt für den an der Erdoberfläche beobachteten Vulkanismus dar. Der erste Schritt zum Vulkanismus bedingt eine Anreicherung der fluiden Phase. Um eine Trennung der Fluid- von der Festphase zu ermöglichen, müssen jedoch die mikroskopischen Porenräume, in denen sich die Tröpfchen zwischen den Mineralkörnern befinden, durch Kanäle verbunden sein, d.h. die Schmelzpartikel und Fluide müssen in einem makroskopischen Volumen zusammenhängen. Ob ein offenes Porenvolumen vorliegt, hängt von der Oberflächenspannung und der Oberflächenenergie der beteiligten Mineralkomponenten ab. Die aufgeschmolzenen Mineralkomponenten weisen gegenüber dem festen Rest ein geringeres spezifisches Gewicht auf. Der Umstand ist nicht selbstverständlich und gilt vermutlich nicht mehr für Tiefen unterhalb von etwa 300 km.

Die in einem Netzwerk von Adern zusammenhängenden und spezifisch leichteren Schmelztröpfchen erfahren nun einen archimedischen Auftrieb. Gleichzeitig drückt aber die Auftriebskraft des Magmas auf die Wände des umgebenden Festgesteins und drängt sie durch plastisch erfolgende Deformationen zurück. In der Folge erweitern sich die Adern zu Kanälen, die dann die Fördergänge für die Schmelze, also für das Magma, bilden. Das fließende Magma kann Stücke aus dem umgebenden Festgestein herauslösen oder herausreißen und mit der Strömung wie in einem Fahrstuhl an die Erdoberfläche transportieren. Diese Fremdkörper nennt man Xenolithe. Sie stellen für uns die einzige Möglichkeit dar, weitgehend unverfälschtes Gestein aus dem Erdmantel zu erhalten. Manchmal werden sie auch „Meteorite aus dem Erdinneren“ genannt. Solche aus dem Material des Erdmantels

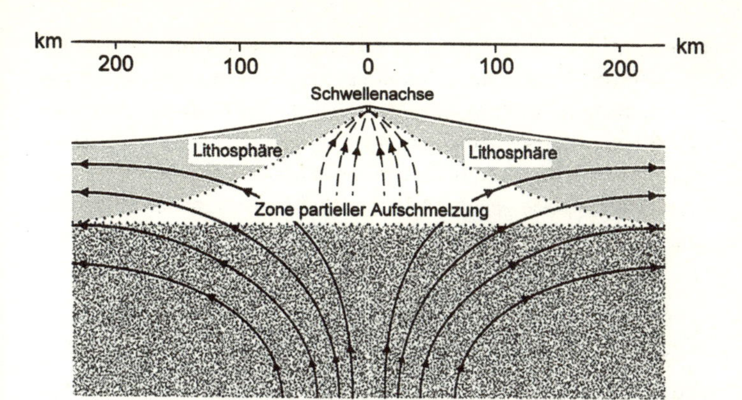

Schnitt quer zu einer mittelozeanischen Schwelle. Die durchgehend gezeichneten Linien stellen die Strömungspfade von aus dem Erdmantel aufsteigenden, duktil fließenden Gesteinen dar. Die Strömung divergiert symmetrisch zur Schwellachse, kühlt ab und führt zu einer Verdickung der Lithosphäre mit zunehmendem Abstand. Unterhalb der Schwellachse bildet sich eine Zone partieller Aufschmelzung, deren Strömung zur Schwellachse konvergiert und dort Vulkanismus hervorruft.
(Zchg. Peter Schick, nach einer Vorlage von St. Sparks)

bestehenden Xenolithe können die Größe eines Fußballs erreichen. Dies läßt den Schluß zu, daß die Förderkanäle für das Magma schon im Erdmantel eine beträchtliche Weite besitzen.

Nur ein kleiner Teil des Magmas wird bis zur Erdoberfläche gefördert. Mit abnehmender Erdtiefe nimmt die Dichte des die Schmelze umgebenden Gesteins und damit auch die Auftriebskraft ab. Vermutlich wäre an der Erdoberfläche keine vulkanische Aktivität erkennbar, würden nicht zusätzliche Kräfte in das Spiel eintreten: die tektonischen Kräfte. Wirkt zusätzlich zum allseitigen Bergdruck in horizontaler Richtung eine Kompression, so werden Gebirge aufgefaltet, wirkt eine Dilatation, entstehen Dehnungsstrukturen und Gräben. Nur zusammen mit den in der Erde wirkenden horizontalen Dehnungskräften reicht die Auftriebskraft des Magmas aus, um gegenüber dem hydrostatischen Bergdruck kleine, vertikal stehende Adern zu Rissen und diese wiederum zu Spalten und Gängen zu erweitern und damit dem Magma eine Wegsamkeit in Richtung Erdoberfläche zu schaffen. Es bedarf also des Zusammentreffens einer Reihe günstiger Faktoren, um an der Erdoberfläche Vulkanismus hervorzurufen. Selbst bei Reisen in bedeutende Vulkangebiete ist es für einen interessierten Touristen nicht einfach, eruptiven Vulkanismus in Form von Lavaströmen oder großen Aschenwolken in eigener Anschauung zu erleben. Eruptiver Vulkanismus ist, weltweit gesehen, ein seltenes Ereignis.

Magmenbildung in Kompressionsstrukturen

Etwa zehn Prozent des heute aktiven Vulkanismus auf der Erde befindet sich an mittelozeanischen Schwellen, 80 Prozent jedoch an konvergenten Plattengrenzen und Subduktionszonen. Der „Ring of Fire" um den Pazifik ist ein typischer Subduktionsvulkanismus. Während Schmelzprozesse, hervorgerufen durch die Dekompression von aufsteigendem, heißen Mantelmaterial entlang ozeanischer Rücken, plausibel erscheinen, sind Erklärungen für das Auftreten von Vulkanismus an Subduktionszonen wesentlich schwieriger zu finden. Die Lithosphärenplatten tauchen ja gerade deshalb ab, weil sie durch Abkühlung schwerer werden. Eine entscheidende Rolle spielt das vom Gestein beim Transport der Platte von der ozeanischen Schwelle zur Subduktionszone aufgenommene Wasser. In der Nähe der ozeanischen Schwellen sind die Basaltdecken noch heiß und weisen tiefreichende Spalten auf. Durch hydrothermale Vorgänge in Tiefen bis zu mehreren Kilometern und bei Temperaturen von über 300° C werden vor allem in der oberen Schicht der Platte die Basaltgesteine in hydratreiche Mineralien, wie Amphibolite und Serpentinite, umgewandelt. Darüber kann während des Transports eine dicke Sedimentschicht mariner und stark wasserhaltiger Gesteine abgelagert werden. Die Lithosphärenplatte wird beim Eintauchen in den heißeren Erdmantel durch Wärmeleitung langsam aufgeheizt. Die jetzt einsetzenden chemischen und mineralogischen Veränderungen sind komplex und in ihrer Beschreibung nicht frei von spekulativen Annahmen. Mit steigender Temperatur tritt eine Dehydratisierung ein, und zwischen den Silikaten lagern sich Wassermoleküle und Hydroxylgruppen an, die die chemische Aktivität verringern und den Schmelzpunkt der Gesteine um mehrere hundert Grad herabsetzen. Durch den beim weiteren Abtauchen der Platte zunehmenden hydrostatischen Druck lösen sich einige Silikatverbindungen in Wasser und führen zu einer weiteren Verringerung des Soliduspunktes.

Die leichteren Bestandteile der entstehenden Fluide erfahren einen archimedischen Auftrieb, lösen sich von der subduzierenden Platte ab und treten auf ihrem Weg in Richtung Erdoberfläche in Reaktion mit den Gesteinen des oberen Erdmantels. Die Breite der Vulkangürtel in Richtung der abtauchenden Platte übersteigt selten einige hundert Kilometer und ist damit im Vergleich zu ihrer Längsausdehnung schmal. Dies zeigt, daß die Entstehung von Schmelzen in den subduzierenden Platten offenbar nur in dem engen Tiefenbereich von etwa 80 bis maximal 200 km erfolgt und damit auf die dort herrschenden Temperaturen und Drücke beschränkt ist. In diesen Tiefen treten auch bevorzugt Erdbeben auf.

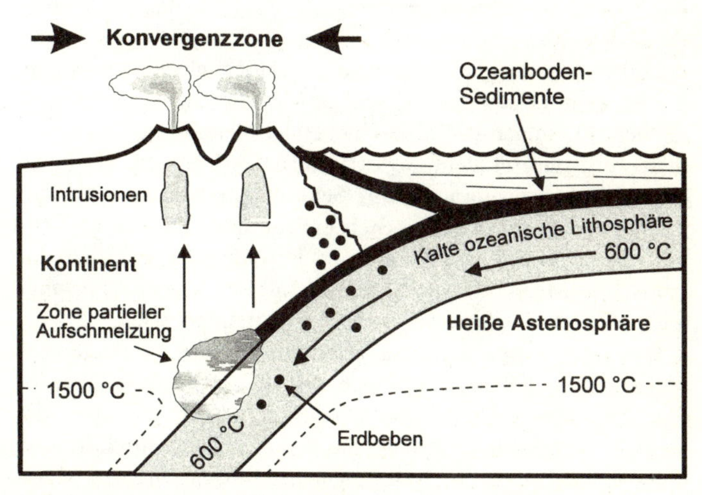

Aufschmelzvorgänge und Vulkanbildung an einer Subduktionszone.

Der an konvergenten Plattengrenzen auftretende und mit Subduktion verbundene Vulkanismus zeigt in der Form seiner eruptiven Tätigkeit, in den Förderprodukten und in der Landschaftsbildung ein sehr unterschiedliches und komplexes Verhalten. Es können zwei Grenzfälle unterschieden werden: Eine ozeanische Lithosphärenplatte taucht unter eine darüber hinweggleitende ozeanische oder kontinentale Platte. In der überschiebenden Platte tritt eine Abfolge verschiedener geologischer Erscheinungsformen auf: Vom offenen Ozean in Richtung Subduktion kommt zuerst ein angelagerter Keil mit gefalteten Sedimenten und von der Oberkante der abtauchenden Platte abgehobelten Bruchstücken ozeanischer Kruste (Ophiolite). Die am stärksten gehobenen Teile des Keils bilden ein äußeres Hochgebiet, an das sich ein Becken mit Sedimenten aus den benachbarten Hochgebieten anschließt. Bewegt man sich weiter landeinwärts, so erreicht die subduzierende Platte in 100 bis 200 km Tiefe die Zone mit partieller Aufschmelzung. Ist die überschiebende Platte ozeanische Lithosphäre, so bildet sich aus den aufsteigenden Produkten ein Inselbogen. Beispiele dafür sind Indonesien, die Aleuten, die Marianen oder der karibische Inselbogen. Bei kontinentaler Lithosphäre entsteht ein breiter Vulkangürtel am Kontinentalrand. Beispiele dafür sind das Hochgebirge der Anden am Westrand Südamerikas und das Kaskadengebirge in Kalifornien. In einigen der überschiebenden Platten werden hinter dem Vulkangürtel Dehnungsstrukturen beobachtet, welche zu einer Krustenverdünnung mit Senkungsstrukturen und Vulkanismus führen. Die Ursachen hierfür sind ziemlich umstritten. Die Absenkungen können zu Randmeeren, wie dem Japanischen Meer oder der Javasee, führen. Manche Forscher rechnen auch die Ägäis im östlichen Mittelmeer dazu.

Der Chemismus der über Subduktionszonen austretenden vulkanischen Förderprodukte hängt in erster Linie von der Art und Mächtigkeit des Gesteinspakets ab, welches die Schmelzen auf ihrem Weg an die Erdoberfläche durchdringen müssen. Entlang geologisch junger Inselbögen, wie den Marianen oder den Tonga-Inseln, kommen die Schmelzen weder mit kontinentaler Kruste noch mit dicken Sedimentpaketen in Berührung. Die Förderprodukte ähneln den siliziumarmen Basalten der ozeanischen Rücken. Mit zunehmendem Alter der subduzierenden Platten nimmt auch deren Sedimentauflage zu. Die Schmelzen werden silikatreicher, Andesite und Dacite nehmen zu. An den Vulkangürteln der Kontinentränder kommen die Förderprodukte schließlich in Kontakt mit bis zu 70 km mächtigen Krusten aus silikatreichem Gestein. In dem leichten Krustengestein reduziert sich der archimedische Auftrieb durch die kleiner werdende Differenz der spezifischen Gewichte zwischen Schmelze und Umgebungsgestein. Vermutlich erreicht der weitaus größte Teil der gebildeten Schmelzen nicht mehr die Erdoberfläche. Es bilden sich Intrusionskörper in und an der Unterkante der Kruste. Die Entstehung von Granitvorkommen wird mit derartigen Intrusionen in Verbindung gebracht.

3. Eruptivgesteine

Terminologie

Eruptivgesteine oder Magmatite sind Kristallisationsprodukte, die beim Abkühlen der aus der Tiefe stammenden Gesteinsschmelze, dem Magma, gebildet werden. Beim Magma handelt es sich im allgemeinen um einen heterogen zusammengesetzten, silikatreichen Schmelzbrei, der neben gelöstem Gas auch Kristalle enthalten kann. Erreicht das Magma nicht die Erdoberfläche, sondern kristallisiert langsam in der Tiefe aus, entstehen mittel- bis grobkörnige Plutonite. Granit ist ein derart gebildetes Tiefengestein. Beim Aufsteigen des Magmas läßt der hydrostatische Druck nach, und das Magma beginnt zu entgasen. Das an der Erdoberfläche ohne die flüchtigen Bestandteile austretende Magma wird als *Lava* bezeichnet. (Das Wort Lava wird vom lateinischen *labes*, d.h. Fall oder Erdrutsch abgeleitet, in Süditalien wird es sowohl für Sturzfluten von Wasser wie vom Vulkan abgehende Schmelzströme verwendet.) Die aus den Laven entstehenden vulkanischen Gesteine heißen *Vulkanite.* Dabei spielt es keine Rolle, ob sie durch Ausfluß oder Auswurf der Laven entstanden sind. Bei explosiver vulkanischer Tätigkeit können flüssige oder feste Lavafragmente zwischen Staubkorngröße und Brocken von mehreren Tonnen Gewicht in die Atmosphäre geschleudert werden. Sie werden *Pyroklastika* genannt. Vulkanische Aschen können bei der Rückkehr zur Erde riesige Sedimentmächtigkeiten bilden und sich unter dem Einfluß von Wasser zu Tuffen verfestigen. Unverfestigte Pyroklastika werden als *Tephra* bezeichnet.

Beschreibung von Eruptivgesteinen

Die Vulkanite haben nur noch wenig mit dem Muttergestein gemein, aus dem sie entstanden sind. Schon die partielle Schmelze (das primäre Magma) ist ein Derivat aus der Asthenosphäre oder der subduzierenden Platte. Beim Aufstieg reagiert die Schmelze thermisch und chemisch mit dem Umgebungsgestein. Der Vorgang kann sich auf einen reinen Wärmeaustausch reduzieren, wenn mit der Wärmemenge einer spezifisch schwereren Substanz neue und leichtere Schmelze aus dem umgebenden Gesteinsverband gelöst wird und nur noch diese Komponente einen Auftrieb erfährt. Je mehr Zeit für den Aufstieg benötigt wird, umso größere Modifikationen können eintreten. Tritt während des Transports der Schmelze oder des Fluids eine Abkühlung ein, so kann die partielle Schmelzbildung in eine fraktionierte Kristallisation umgekehrt werden. Ein späteres Wiederaufschmelzen ist nicht ausgeschlossen. Magma ist ein sehr allgemeiner, „primäres Magma“ ein recht hypothetischer Begriff.

Die Untersuchung und Einteilung von Magmatiten und ihren Abkömmlingen fällt in den Bereich der Petrologie. Aus ursprünglich einfach zusammengesetzten Magmen können sich, abhängig von den während des Transports vorherrschenden Druck- und Temperaturbedingungen, den Transportgeschwindigkeiten und dem Chemismus des umgebenden Materials, eine ungeheure Vielzahl von Gesteinszusammensetzungen ausbilden. Klassifikation und Benennung der Gesteine wurden früher häufig aus ihren Fundstätten abgeleitet. Heute werden sie allgemein den jeweils verwendeten Verfahren zu ihrer Bestimmung angepaßt. Mit den im Laufe der Zeit verfeinerten Meßmethoden lassen sich immer zweckmäßigere Einteilungen vornehmen, doch sind historisch gewachsene Namen und Klassen nur schwer auszuräumen. Erschwerend wirkt sich aus, daß die Zusammensetzung der Gesteine aus den sie bildenden Mineralien und Mineralgruppen ein Kontinuum ohne scharfe Abgrenzungen bildet. Daraus entwickelte sich ein Begriffswirrwarr, das von Außenstehenden nicht leicht zu durchschauen ist. Es gibt heute über tausend verschiedene Namen für Eruptivgesteine.

Zunächst wurden Vulkanite nur nach der mit bloßem Auge unterscheidbaren Farbe, dem Korngefüge und den vorherrschenden Einsprenglingen unterschieden. Dunkle Laven wurden Basalte genannt. Nach den sichtbaren Kristallen unterschied man Olivinbasalte, Feldspatbasalte u.a. Waren keine Kristalle zu sehen, sprach man von Aphaniten. Phonolite waren helle Laven, welche beim Anschlagen klangen. Von Beginn an wurde der Anteil von Quarz (SiO_2) im Gestein als ganz wesentliches Unterscheidungsmerkmal erkannt. Da man die Silikate als Abscheidungen von Siliziumsäure ansah, wurde mit „sauer“ und „basisch“ der Gehalt an SiO_2 zum Ausdruck gebracht. Heute werden zur Unterscheidung des Bestands an SiO_2 mehr die Ausdrücke „felsisch“ (für hohen Quarzanteil) und „mafisch“ (für niederen Quarzanteil) verwendet. Sie ergeben sich aus einer Summe heller oder dunkler erscheinender Gemengteile im Dünnschliff einer Gesteinsprobe unter dem Polarisationsmikroskop.

Zwischen dem Gefüge oder der Textur eines magmatischen Gesteins und seiner Entstehung besteht häufig eine enge Bindung. Aus der Korngröße der erstarrten Vulkanite kann auf die Viskosität und den Kristallisationszustand der Schmelze bei der Förderung und auf die nachfolgende Abkühlungsgeschwindigkeit geschlossen werden. In einer dünnflüssigen und sich langsam abkühlenden Schmelze haben die Kristallkeime genügend Zeit, sich zu größeren Kristallen zusammenzufügen.

Grobkörniges Gefüge ist typisch für eine Erstarrung in größeren Tiefen. Die in Vulkaniten oft zu beobachtenden Einsprenglinge in Form größerer Kristalle bildeten sich aus, während die Schmelze langsam abkühlte. Der Vorgang wurde dann durch eine Eruption gewaltsam unterbrochen, und anschließend erstarrte die noch nicht kristallisierte Grundmasse an der Erdoberfläche schnell zu einem feinen Gefüge. Bei der schnellen Abkühlung kieselsäurereicher und hochviskoser Laven kann die Kristallbildung vollkommen unterdrückt werden, und es bilden sich vulkanische Gläser, z.B. *Obsidiane*, aus. Unter dem Mikroskop ermittelte Gesteinsgefüge ergeben so einen ersten Anhaltspunkt zur geologischen Stellung und zur Herkunft des Gesteins.

Die moderne Einteilung der Eruptivgesteine wird vorwiegend nach Mineralbestandteilen und chemischen Merkmalen vorgenommen. Minerale sind Gemengteile von Gesteinen. Bei den Magmatiten, und in der Zusammensetzung der Erdkruste ganz allgemein, spielen Feldspäte eine herausragende Rolle. Feldspäte sind chemisch relativ einfach zusammengesetzte Silikate, die, mit Silizium als Hauptbestandteil, in verschiedenen Mengen und Gerüststrukturen Natrium, Kalium, Kalzium und Aluminium enthalten. Häufig werden magmatische Gesteine nach ihrer mengenmäßigen Lage innnerhalb eines QAPF-Doppeldreieckes eingeteilt und benannt. Die vier Eckpunkte des Doppeldreiecks bilden Quarz (Q), Alkalifeldspat (A), Plagioglas (P) und Feldspatoide (F).

Bei anderen Methoden wird von Diagrammen ausgegangen, in denen die prozentualen Gewichtsanteile der im Gestein enthaltenen Alkali (Na_2O+K_2O) gegenüber SiO_2 aufgetragen werden. In diesen Darstellungen schälen sich Gesteinsverwandtschaften heraus. Sie werden zu Magmengruppen zusammengefaßt, die als granitisch, dioritisch usw. bezeichnet werden. In der petrochemischen Unterscheidung treten drei Gesteinsreihen hervor: die Kalkalkali-Reihe, die Alkali-Reihe mit Natronvormacht und die Alkali-Reihe mit Kalivormacht. Die wichtigsten Vulkanite innerhalb der Kalkalkali-Reihe sind mit abnehmendem Gehalt an SiO_2: Ryolith, Rhyodacit, Dacit,

Andesit, Tholeitbasalt und Pikrit. Von Bedeutung ist die Korrelation, welche zwischen den einzelnen Gesteinsgruppen und der Tektonik ihres Vorkommens besteht. Silikatarme Vulkanite, wozu die große Klasse der Tholeitbasalte gehört, treten vorzugsweise an mittelozeanischen Schwellen auf, silikatreiche Vulkanite dagegen an Subduktionszonen.

4. Eruptionsmechanismen

Um die Mittagszeit des 24. September 1986 wurde am Nordostkrater des Vulkans Ätna auf Sizilien nach einer längeren Ruhepause wieder eine kleine, weiße Dampfwolke beobachtet. Dies war nichts Ungewöhnliches. Mindestens einer der vier Gipfelkrater des Ätna ist ständig mit Dampf-, Aschen- oder auch Schlackenwurftätigkeit in einem aktiven Zustand. Große Explosionen sind jedoch selten. Dieser Tag ging aber in die Eruptionsgeschichte des Ätna ein. Innerhalb einer Stunde entwickelten sich aus der diffusen Wolke scharf gebündelte Dampfstrahlen, die zischend einige hundert Meter zum Himmel aufstiegen. Gegen 14 Uhr ging die Farbe der Vulkanemission von weiß in schwarz über. Die Schmelze im Krater begann zu sieden, und eine starke Entgasung setzte ein. Schmelztröpfchen lösten sich ab, wurden vom Sog der Thermik mitgerissen und als erkaltete, schwarze und feste Asche aus dem Kraterschlot geblasen. Häufig stellt dieser Zustand den Höhepunkt einer Aktivitätsphase dar und klingt nach kurzer Zeit wieder ab, manchmal zur Enttäuschung der Vulkanologen und Touristen. Nicht jedoch an diesem Tag. Gegen 15 Uhr wurde die explosive Tätigkeit nicht nur heftiger, die Ausstöße traten jetzt im Sekundentakt rhythmisch auf. Als Folge entwickelte sich eine kilometerhohe Eruptionswolke mit der Struktur eines riesigen Blumenkohls. Die daraus niederfallenden Pyroklastika wurden größer. Noch in einer Kraterentfernung von 6 km gingen kirsch- bis nußgroße Lavafragmente, *Lapilli* genannt, nieder. Unter dem Eindruck dieses seltenen Schauspiels und in der Annahme, der Ausbruch habe seinen Höhepunkt erreicht, schoß ein bekannter Ätnafotograf seine Filmkassetten leer. Entgegen allen Erwartungen der Experten war der Klimax der Eruption aber immer noch nicht eingetreten. Kurz nach 18 Uhr begann die Wolke zu glühen, und wenig später stand über dem Krater eine Lavasäule von 1000 m Höhe. In der Fontäne wurden dunkle Punkte beobachtet. Es handelte sich um aus den Kraterwänden gerissene, tonnenschwere Blöcke, die später in dem weiten Gipfelbereich des Ätnas gefunden wurden. Mit bloßem Auge konnten bis zu einer Minute dauernde Flugzeiten der Blöcke erkannt werden. Sie entsprechen ballistischen Austrittsgeschwindigkeiten von über 100 m/s.

Es gibt jedoch noch viel stärkere Eruptionen. Bei der Tätigkeit des Vulkans Pinatubo auf den Philippinen schätzte man die maximalen Förderraten der Pyroklastika bei Austrittsgeschwindigkeiten von 600 m/s auf eine Million Kubikmeter pro Sekunde.

Woher kommen die antreibenden Impulse? Die für den Magmenaufstieg in Erdmantel und Kruste verantwortlichen archimedischen Auftriebskräfte sind zur Erklärung der beobachteten schnellen Förderung um viele Größenordnungen zu klein und können von vornherein ausgeschlossen werden. Aus verständlichen Gründen erfordern alle Beobachtungen zur Eruptionsdynamik einen gewissen Sicherheitsabstand zur Quelle. Versuche, mit Gasanalysatoren ausgerüstete Roboter in aktive Vulkankrater einzuführen, sind trotz aufwendiger Technik mehr oder weniger gescheitert. Um nur ein Beispiel zu nennen: Am Vulkan Ätna sollten über Funk ferngesteuerte Modellflugzeuge Proben aus dem Inneren einer Eruptionswolke entnehmen, da die vulkanischen Gase im Randbereich zu stark von der Erdatmosphäre kontaminiert wurden. Obwohl für die Lenkung der Maschinen ein Europameister im Modellfliegen engagiert wurde, mußten die Versuche wegen zu vieler Abstürze in den turbulenten Emissionen bald wieder aufgegeben werden.

Seismische Messungen geben indirekt einen Einblick in die im Eruptionsherd ablaufenden Magmaströmungen und Drücke. Ähnlich dem Rauschen einer Wasserleitung verursacht strömendes Magma im Infraschallbereich ein „Magmarauschen". Fluktuationen in der Strömungsgeschwindigkeit des Magmas sind mit Druckänderungen verbunden, die auf die Schlotwände wirken und sich von dort in der festen Erde als seismische Wellen („Erdbebenwellen") ausbreiten. Im Vergleich zu den mit statischen Feldern (Schwere-, Magnet- oder Temperaturfelder) verbundenen physikalischen Meßgrößen ist die Amplitudenabnahme von Wellen mit der Entfernung zur Quelle geringer und kann in „sicherer" Distanz zum Eruptionsherd aufgezeichnet werden. Die Klangfarbe des Wasserleitungsrauschens läßt erkennen, ob es sich um eine schnelle oder langsame Strömung handelt. Ganz ähnlich werden aus den Frequenzspektren der seismischen Registrierungen Strömungscharakteristiken der Magmenbewegungen abgeschätzt. Das sanfte Strömungsrauschen einer Wasserleitung kann von harten, oft rhythmischen Schlägen überlagert werden. Man spricht vom Wasserhammer. Vor einigen Jahren ereigneten sich im Wasserversorgungsnetz der Stadt Stuttgart Rohrbrüche, die durch einen zunächst völlig unerklärlich hohen Druck zustande kamen. Die Lösung des Rätsels waren im Wasser eingeschlossene Luftblasen. Sie führten dazu, daß die Wasserströmung an Rohrverengungen, Verzweigungen oder Krümmern in einen instabilen Zustand geriet. Die Folgen zeigten sich im Auftreten hydraulischer Druckstöße, die kurzzeitig den statischen Druck um ein Vielfaches überstiegen und so die Leitungen sprengen konnten.

Viele Untersuchungen und Überlegungen deuten darauf hin, daß auch im eruptiven Vulkan die mit Strömungsinstabilitäten verbundenen dynamischen Drücke die Hauptantriebskräfte für den explosionsartigen Austrieb der Schmelze darstellen. Die Löslichkeit der im Magma enthaltenen flüchtigen oder volatilen Bestandteile nimmt beim Emporsteigen der Schmelze mit dem kleiner werdenden Auflastdruck ab. Übersteigt der Dampfdruck den hydrostatischen Druck, so tritt Blasenbildung ein.

In den Volumina der Volatile ragen besonders Wasserdampf und Kohlendioxid heraus. Beispielsweise emittiert der

Vulkan Ätna auch ohne Zeichen besonderer Aktivität täglich etwa fünfzigtausend Tonnen Kohlendioxid und eine um ein Vielfaches höhere Menge an Wasserdampf.

Das mit Blasen angereicherte Magma zeigt bei höheren Strömungsgeschwindigkeiten ein völlig anderes Strömungsverhalten und eine viel kompliziertere Dynamik als eine blasenfreie Strömung. Allgemein ist bei Blasenströmungen oberhalb bestimmter Fließgeschwindigkeiten das Auftreten von Druckimpulsen hoher Intensität typisch. Eine bekannte und mit einem starken Druckimpuls verbundene Strömungsinstabilität tritt auf, wenn die Fließgeschwindigkeit die Schallgeschwindigkeit erreicht oder übersteigt („Düsenjägerknall"). Die Schallgeschwindigkeit in einer Flüssigkeit hängt von Dichte und Kompressibilität ab. Flüssigkeiten sind wenig kompressibel. Führt man einer Flüssigkeit jedoch nur wenige Volumprozent Blasen zu, so wird die Kompressibilität des jetzt aus zwei Phasen (gasförmig und flüssig) bestehenden Fluids wesentlich von der Kompressibilität des Gases, die Fluiddichte aber weiterhin von der Flüssigkeit bestimmt. Daraus resultiert eine drastische Reduzierung der Ausbreitungsgeschwindigkeit des Schalls. Die Schallgeschwindigkeit in einer blasenfreien Silikatschmelze beträgt etwa 2000 m/s. Mit einem Volumanteil von einem Prozent Gas sinkt sie aber auf 20 m/s und erreicht dann Werte, welche der Fließgeschwindigkeit des Magmas entsprechen können. Als Folge bildet sich ein hydraulischer Druckstoß aus, mit dem das Magma nach oben gepumpt wird.

Vulkaneruptionen werden manchmal mit dem Öffnen einer Flasche Sekt verglichen. Die Analogie ist jedoch nur scheinbar. Beim Entkorken des Sektes schießt ein schnell abklingender Strahl aus der Flasche. Aktivitäten am Vulkan können dagegen über Stunden oder Tage anhalten, ohne daß die Intensität sich wesentlich verändert. Offenbar steuern und stabilisieren Rückkopplungsprozesse die Eruptionsdynamik. Mit Hilfe seismischer Messungen läßt sich die mittlere Strömungsgeschwindigkeit des Magmas beim Übergang zur höheren Aktivität verfolgen. Es werden Zeitfunktionen beobachtet,

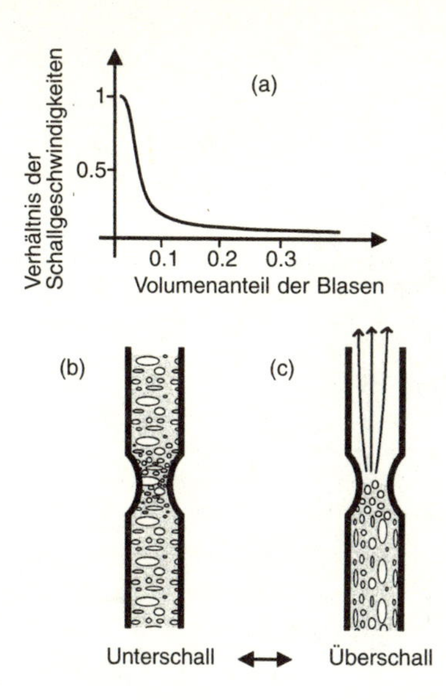

Bei Vulkaneruptionen wird häufig ein rhythmisches Ausstoßen der Förderprodukte aus dem Krater beobachtet. Dieser über Stunden oder Tage gleichmäßig anhaltende Vorgang legt den Schluß nahe, daß er über eine Rückkopplung („feed-back") stabilisiert wird. Dem Prozeß könnte folgender Mechanismus zugrunde liegen:

Bringt man in eine Flüssigkeit (Schmelze) Gasblasen ein, so wird die Schallgeschwindigkeit des jetzt aus zwei Phasen bestehenden Fluids stark reduziert (a).

Einige Volumprozente Gas in einer Basaltschmelze ergeben Schallgeschwindigkeiten von ungefähr 10–20 m/s. Erkaltete und durch Erosion freigelegte Fördergänge weisen oft Einschnürungen auf. Aus Gründen der Massenerhaltung erhöht sich an derartigen Engstellen die Strömungsgeschwindigkeit des Magmas, was einen Druckabfall bewirkt und eine Zunahme der Blasen verursacht (b).

Mit dem höheren Blasenanteil ist wiederum eine Absenkung der Schallgeschwindigkeit gekoppelt. Dies kann soweit führen, daß die Schallgeschwindigkeit den Wert der Strömungsgeschwindigkeit erreicht. Dadurch wird ein Druckstoß ausgelöst („Überschallknall"), der Schmelze und Gas in Richtung der freien Oberfläche ausstößt (c), den Blasenanteil in der Schmelze reduziert und somit wieder den Ausgangszustand mit Unterschallbedingungen herstellt. Das System kann so zu Regelschwingungen angeregt werden, eine mögliche Ursache für die Antriebskräfte und für den beobachteten periodischen Verlauf im Ausstoß der Förderprodukte.

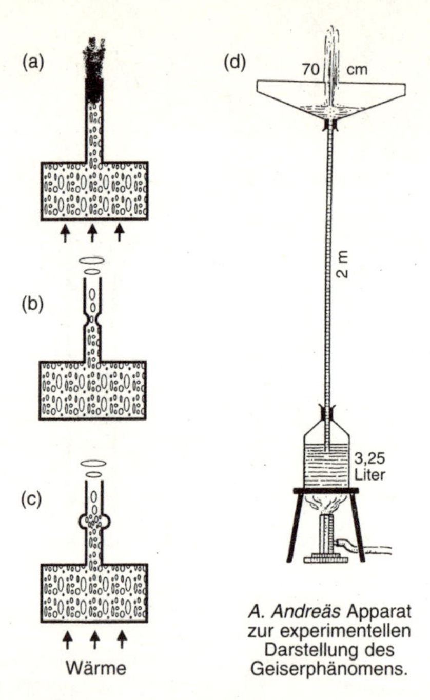

A. Andreäs Apparat zur experimentellen Darstellung des Geiserphänomens.

Die in Vulkaneruptionen auftretenden dynamischen Vorgänge lassen sich in einem Labormodell nicht ohne Einschränkungen in ihrer Wirkungsweise nachbilden. Ein wesentlicher Grund dafür ist, daß bei Verringerung des Maßstabes Volum- und Flächenkräfte mit unterschiedlichen geometrischen Potenzen abnehmen. Trotzdem können einige typische Abfolgen eruptiver Prozesse auch in kleinem Maßstab qualitativ simuliert werden.
Auf einen mit Wasser gefüllten Behälter wird ein Steigrohr oder Schlauch aufgesetzt (a).
Erhitzt man die Bodenwanne, so treten beim Sieden die Dampfblasen ruhig aus der oberen Öffnung des Rohres aus. Wird jedoch an einer Stelle des Rohres der Querschnitt verringert (b), so tritt ab einer gewissen Einschnürung ein rhythmisches, explosionsartiges Ausstoßen des Dampfes auf, wobei Wasser mitgerissen wird. Der Vorgang hat Ähnlichkeit mit „Strombolianischer Tätigkeit". Ein ähnlicher Effekt wird erreicht, wenn statt der Verengung eine Erweiterung („Magmakammer") eingebaut wird (c). Experimente in dieser Art wurden schon im letzten Jahrhundert vorgenommen (d).
(Abb. (d) aus A. Sieberg: Der Erdball. Verlag J. F. Schreiber, Eßlingen und München, 1908)

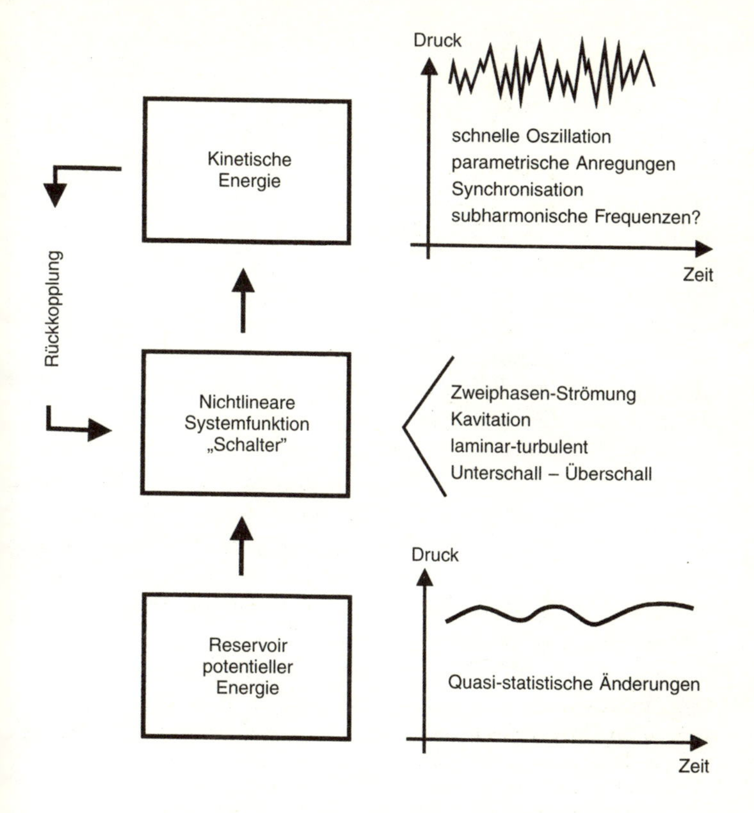

Der Mechanismus in einem tätigen Vulkan ist dem in einer Dampfmaschine nicht unähnlich. Beide erzeugen aus einem über Wärme gewonnenen Reservoir potentieller Energie kinetische Energie. Langsame, quasistatische Druckänderungen werden mit Hilfe eines über Rückkopplung gesteuerten Schalters in schnell abfolgende Druckimpulse transformiert. In der Dampfmaschine bewirkt der mechanische Schieber die Schaltfunktion, beim Vulkan sind es nichtlineare Terme im Strömungsverhalten. Dazu gehören Blasenbildung und Blasenkollaps (Kavitation) sowie die Übergänge laminar <-> turbulent und Unterschall <-> Überschall. In der zeitlichen Abfolge der schnellen Druckänderungen findet man typische Charakteristiken nichtlinearer Oszillatoren.

deren Verlauf große Ähnlichkeit mit Ein- und Ausschwingvorgängen von Oszillatoren besitzen. Vielleicht ist das Netzwerk der magmaführenden Kanäle und Reservoirs im Vulkan mit der Konstruktion eines fluiden Oszillators zu vergleichen. Fluide Oszillatoren sind in der Hydraulik verwendete Bauelemente zur Verstärkung dynamischer Strömungsvorgänge. Besteht diese Analogie zu rückgekoppelten Oszillatoren, so kann folgende Vorstellung den Unterschied zwischen Ruhe- und Aktivitätszustand des Vulkans erklären: Die zur Anfachung der Eruption erforderliche Rückkopplung erfordert nicht nur einen Vorrat an potentieller Wärmeenergie, sondern es müssen auch andere Faktoren, wie Materialeigenschaften und geometrische Abmessungen der Förderkanäle, positiv zusammentreffen, um in dem System eine selbstverstärkende Dynamik zu erreichen. Ist diese Struktur gegeben, dann reicht eine kleine Störung in einem den Prozeß steuernden Parameter aus, um einen Übergang von nichteruptiv zu eruptiv einzuleiten. Ein Vulkan ist in seiner Wirkungsweise einer Dampfmaschine nicht unähnlich. Mit Hilfe nichtlinear wirkender Transformationsglieder wird potentielle, statische Wärmeenergie in kinetische Energie, also Bewegungsenergie, umgesetzt. Bei der Dampfmaschine stellt der Schieber das nichtlineare Element dar, beim Vulkan können es die Gas- und Dampfblasen sein.

5. Die explosive Wirkung von Vulkanen

Die Stärke eines Erdbebens läßt sich mit Magnitude und Intensitätsverteilung bequem und zur Beantwortung vieler Fragen ausreichend genau beschreiben. Bei den vielfältigen Erscheinungsformen vulkanischer Aktivität ist eine brauchbare Größe zur Angabe einer Explosionsstärke nicht so einfach festzulegen. Nicht nur zur Klassifizierung von Vulkaneruptionen in Katalogen ist die Einführung eines derartigen Parameters dennoch zweckmäßig. So wird z.B. für statistische Untersuchungen des Einflusses von Vulkaneruptionen auf das Wetter eine Quantifizierung der Eruptionsstärke benötigt. Obwohl es fast vermessen ist, einen so weit gefaßten und subjektiven Begriff wie Vulkanstärke in einer einzigen Zahl auszudrücken, wird als Kompromißlösung ein auf die Vulkanologen Karl Sapper (1920) und Alfred Rittmann (1935) zurückgehender *Vulkanischer Explosivitäts-Index (VEI)* verwendet. Der VEI bestimmt sich aus fünf Einzelgrößen:

- dem Volumen der Förderprodukte
- der Förderrate (Volumen pro Zeiteinheit), die aus der Austrittsgeschwindigkeit und der Höhe der Eruptionssäule bestimmt wird
- der Reichweite der Eruption, ermittelt aus der Höhe der Eruptionssäule
- der Heftigkeit von einzelnen Explosionen
- dem Zerstörungspotential

Der VEI wird in Anlehnung an Erdbebenmagnituden mit Zahlen zwischen 0 und 8 angegeben. Die Schrittweite soll einem Faktor 10 in den benützten Maßzahlen entsprechen. Im Vergleich zu historisch eingeführten Begriffen fällt 0 bis 1 in den Bereich „hawaiianisch", 1 bis 3 in „strombolianisch", 2 bis 5 in „vulkanianisch", 4 bis 6 in „plinianisch" und alles darüber in „ultra-plinianisch". Die Ausdrücke beziehen sich auf den Charakter der Explosivität einzelner Vulkanregionen im Vergleich zum ruhigen, *effusiv* genannten Ausfluß von Lava. Der Vulkanismus in Hawaii ist häufig nur schwach explosiv, Stromboli und Vulcano in Süditalien zeigen höhere Explosivität. Mit „plinianisch" bezieht man sich auf den für Europa gewaltigen Ausbruch des Vesuvs im Jahre 79, welcher von Plinius beschrieben wurde. Für einige bekannte Vulkaneruptionen wurden folgende VEI ermittelt:

Vulkan	Jahr	Tephravolumen (m^3)	VEI
Nevado del Ruiz (Kolumbien)	1985	10^7	3
Galunggung (Indonesien)	1982	10^8	4
Mt. St. Helens (USA)	1980	10^9	5
Krakatau (Indonesien)	1883	10^{10}	6
Tambora (Indonesien)	1815	10^{11}	7
Ägäis (Mittelmeer)	vor 10000 J.	10^{12}	8

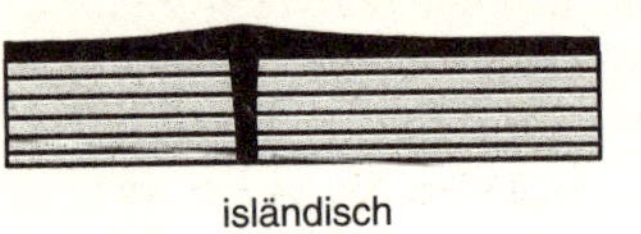

isländisch

hawaiianisch

strombolianisch

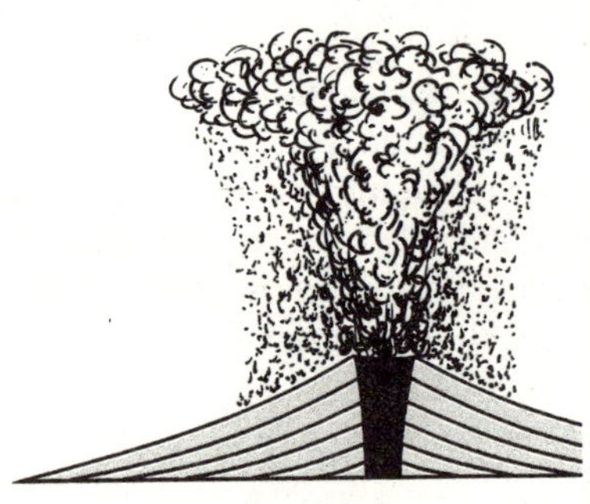

vulkanianisch

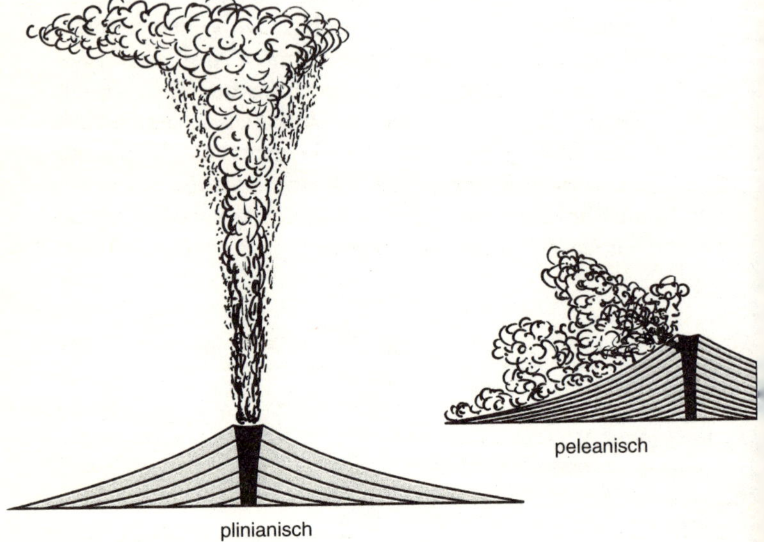

peleanisch

plinianisch

Schon lange vor Einführung der Plattentektonik wurde erkannt, daß der VEI in den einzelnen Vulkanprovinzen ein typisches Verhalten hat. Für die „Atlantische Vulkansippe" wurden allgemein niedere, für die „Pazifische Vulkansippe" höhere VEI beobachtet. Die alte Kennzeichnung entspricht heute dem Vulkanismus entlang ozeanischer Rücken (früher „atlantisch" genannt) bzw. Subduktionszonen (früher „pazifisch" genannt).

Der Grad der Explosivität eines Vulkans wird speziell von zwei Faktoren beeinflußt: der Viskosität der Schmelze und dem Anteil an flüchtigen Bestandteilen, also an in der Schmelze gelösten oder ungelösten Gasen. Wasser spielt vom Volumen her eine dominierende Rolle. Mit zunehmender Viskosität (Zähflüssigkeit) erhöht sich die Formfestigkeit der Schmelze gegenüber der Wirkung von Kräften und mechanischen Spannungen. Der sich im Inneren der Schmelze aufbauende Gas- oder Dampfdruck hängt einmal von der Menge der frei werdenden Gase und Dämpfe und zum anderen von der Widerstandsfähigkeit der Schmelze ab, diesen Drücken ohne Überschreiten der Bruchfestigkeit standzuhalten.

Das an Subduktionszonen aufdringende Magma ist reich an Silikaten und Wasser. Der Wassergehalt stammt vor allem aus den beim Abtauchen der Lithosphärenplatten mitgenommenen Sedimenten. Bei gegebener Temperatur verringert sich die Viskosität des Magmas mit zunehmendem Gehalt an gelöstem Wasser. Der Effekt ist bei silikatreichen Magmen besonders ausgeprägt. Beim Aufsteigen des Magmas wird der hydrostatische Druck in der Schmelze kleiner und die Löslichkeit des Wassers im Kristallverband herabgesetzt. Zusammen mit dem Ausscheiden von Wasser setzt eine Kristallisation im Magma ein und führt zur Erhöhung der Viskosität. In den Vulkankratern an Subduktionszonen bilden sich häufig über den magmafördernden Kanälen hochviskose Pfropfen, Magmadome, unter denen sich dank ihrer Festigkeit ein hoher Gasdruck ausbilden kann. Eine besonders gefährliche Situation entsteht, wenn der Magmadom nicht zentral in einer Kraterschüssel liegt, sondern seitlich an der Flanke eines steilen Vulkankegels hängt. Gleitet der Dom infolge einer Hanginstabilität ab, so

Der Ausbruch des Vesuv im Jahre 1779. Gouache-Bild von Pietro Fabris. Die Ballenstruktur der Eruptionswolke zeigt deutlich den an eine Dampfmaschine erinnernden, rhythmischen Austritt der volatilen Förderprodukte.

setzt unter der plötzlichen Druckentlastung ein schnelles Aufschäumen des Magmas ein. Als Folge können sich Druckwellen und Glutlawinen hoher Intensität ausbilden. Ein derartig steil abfallender und gefährlicher Magmadom mit mehreren Quadratkilometern Ausdehnung hat sich beispielsweise in den vergangenen 15 Jahren am Vulkan Merapi nahe der Großstadt Yogyakarta in Zentraljava (Indonesien) ausgebildet.

Das basische oder mafische Magma der mittelozeanischen Rücken enthält weniger Silikate, die sich zu festigkeitserhöhenden Molekülketten zusammenschließen können. Die Viskositäten der Schmelzen sind geringer, und bei der leichteren Entgasung können sich nur kleinere Staudrücke ausbilden.

6. Die Förderprodukte der Vulkane

Bezogen auf den Aggregatzustand der magmatischen Produkte während des Austretens aus dem Krater unterscheidet man:
- vulkanische Gase
- feste, plastische und schmelzflüssige Auswurfmassen (explosive Tätigkeit)
- glutflüssige, zusammenhängende (kohärente) Laven (effusive Tätigkeit)

Vulkanische Gase

Die Atmosphäre der Erde und das Wasser der Ozeane sind Folgen der vulkanischen Entgasung, die in der Erdgeschichte seit Beginn der Tektonik vor etwa drei Milliarden Jahren stattfindet. Der Stoffaustausch zwischen fester, flüssiger und gasförmiger Erde, also zwischen Lithosphäre, Hydrosphäre und Atmosphäre, hält auch heute noch an. Die bei heftigen Eruptionen ausgestoßenen Gase, Aerosole und staubkorngroßen Partikel können weit in die Stratosphäre eindringen und noch in Höhen von 25-40 km Wolken bilden, die sich über die Erde ausbreiten und das Weltklima beeinflussen. Eine Kenntnis der Zusammensetzung und Menge der von Vulkanen abgegebenen volatilen, d.h. flüchtigen, Produkte ist besonders auch im Vergleich mit der vom Menschen mit zunehmender Intensität verursachten Belastung der Atmosphäre wichtig. Aus dem Chemismus der vulkanischen Gase lassen sich Rückschlüsse auf Natur, Temperatur und Druck des sie abgebenden Magmas machen. Gase und Dämpfe können entlang tief in den Vulkan reichender Spalten schnell aufsteigen. Sie stellen damit wichtige Vorboten beginnender eruptiver Tätigkeit dar.

Die Entnahme von über den Zustand des Magmas Auskunft gebenden Gasproben aus einer Eruptionssäule gehört zu den schwierigsten und gefährlichsten Untersuchungen in der Vulkanologie. Am Vulkan Galeras in Kolumbien kamen 1993 sechs Vulkanologen ums Leben, als sie bei Gasmessungen von einem Ausbruch überrascht wurden. Trotz größerer Unsicherheiten in der Abschätzung der vulkanischen Emissionen zieht man deshalb Fernmeßverfahren vor. Dazu gehört vor allem die Infrarotspektrometrie für die quantitative Bestimmung des in die Stratosphäre injizierten Wassers. Die Konzentration von Schwefeldioxid wird mit Hilfe sogenannter Korrelationsspektrometer über die Absorption von ultraviolettem Licht bestimmt. Neuerdings wird versucht, aus Fluideinschlüssen in abgelagerten festen Förderprodukten (Tephra) Aussagen über die Emission magmatischer Volatile vergangener Ausbrüche zu machen. Damit soll vor allem der Ausstoß vulkanischer Großeruptionen aus historischer und geologischer Zeit abgeschätzt werden.

Fast alle Geochemiker stimmen heute darin überein, daß H_2O unter den flüchtigen Anteilen der vulkanischen Förderung mit 30–90 Mol% die dominierende Menge einnimmt. Um ein Beispiel zu nennen: Während der Ausbruchstätigkeit des Vulkans Nevado del Ruiz in Kolumbien wurde zwischen 1985 und 1990 etwa ein Kubikkilometer Wasser aus dem Magma freigesetzt. An zweiter Stelle stand CO_2 mit 10–50% Anteil, gefolgt von SO_2 mit 5–30%. Die Streubreiten zeigen die große Variation in der Zusammensetzung der Gase. Mit nur wenigen Prozent kommen vor: H_2, CO, COS, HCl, H_2S, HF, CH_4, Hg und einige Edelgase. Es ist bemerkenswert, daß, abgesehen von dem zu hohen Schwefelanteil, diese Häufigkeitsverteilung etwa der entspricht, welche man auch in der Atmosphäre, der Hydrosphäre und in den Sedimentgesteinen der Erde findet.

Feste Förderprodukte bei explosiver Tätigkeit

Die Gasblasen im aufsteigenden Magma vergrößern ihr Volumen unter dem abnehmenden Umgebungsdruck. Bis zu welcher Größe die Blasen wachsen, hängt von der Viskosität der Schmelze ab. Mit der Entgasung der Schmelze steigt ihre Viskosität und damit der Widerstand, den sie einer Volumenvergrößerung der Blasen entgegensetzt. Damit bildet sich ein maximales Blasenvolumen aus. Erreicht die Blasenströmung die freie Oberfläche im Vulkankrater, so wird die Gegenkraft der flüssigen Phase immer kleiner, bis die Blasen gegenüber dem Atmosphärendruck zerplatzen. Der einsetzende Fragmentierungsprozeß reißt die Trennfläche der Schmelze gegenüber der Atmosphäre auf. Dadurch werden tiefer liegende Schichten druckentlastet, und der Siedevorgang breitet sich nach unten aus, bis sich mit dem Nachschub von Magma ein dynamisches Gleichgewicht einstellt. Die eintretenden Vorgänge werden von vielen Faktoren kontrolliert: thermodynamische Größen, Viskosität und Bruchverhalten der Schmelze, volatiler Anteil, Geschwindigkeit des nachströmenden Materials u.a. Demzufolge bewegen sich die resultierenden Ausbruchserscheinungen in einem weiten Bereich. Bei ruhiger Entgasung, meist verbunden mit einer Schmelze niederer Viskosität, strömt blasenreiches Magma als geschlossene Masse aus. Man spricht von einer Effusion. Bei hochexplosiven Vulkanexplosionen wird ein breites Spektrum zwischen zu Asche erkalteten Lavatröpfchen und noch in großer Entfernung glühend zu Boden fallenden Lavafetzen entstehen. Dazwischen befinden sich aus dem kalten Nebengestein des Schlots herausgerissene Blöcke und Gesteinssplitter. Für die Umgebung des Vulkans sind besonders pyroklastische Ströme oder Glutlawinen gefährlich. Sie entstehen, wenn bei ungenügendem thermischen

Auftrieb die Eruptionssäule kollabiert und sich in kurzer Zeit um die Ausbruchstelle riesige Mengen an Lockermaterial ablagern.

Effusive Tätigkeit

Viele Vulkane zeigen eine gemischt explosive und effusive Aktivität. Häufig wird ein Zustand beobachtet, bei dem das Magma aus einem topographisch höher gelegenen Krater unter heftigen Explosionen entgast, während ein Stück tiefer die entgaste Lava ruhig, fast wie Wasser, aus einer Spalte strömt. Eine derartige laterale Tätigkeit ist zum Beispiel typisch für den Vulkan Ätna auf Sizilien. Aus den sich bildenden Lavaströmen können verbliebene Gasreste noch schwach explosiv entweichen. *Hornito* nennt man die dabei entstehenden kegelförmigen Kamine von wenigen Metern Höhe. Die Fließ- und Erstarrungsformen der ausgeflossenen Laven hängen wesentlich von der Viskosität, dem verbliebenen Gasgehalt und vor allem auch von dem Böschungswinkel des Vulkans ab. In den Lavamassen nimmt von innen nach außen die Temperatur ab und die Viskosität damit zu. Die Erstarrungsgrenze liegt, abhängig von der chemischen Zusammensetzung und dem Gasgehalt, zwischen 500° C und 900° C. Bei heißen und dünnflüssigen Laven bildet sich rasch eine zähflüssige Außenhaut, die von der darunter fließenden Lava mitgeschleppt wird. Bei kleiner Fließgeschwindigkeit bleibt die Haut über große Flächen glatt und eben erhalten. Man spricht von *Pahoe-hoe-Laven*. „Pahoe-hoe" ist ein Freudenschrei im Hawaiianischen, mit dem die gute Begehbarkeit des Stroms ausgedrückt wird. Beim Übergang von größerem zu kleinerem Gefälle kann der Lavastrom mit der abnehmenden Fließgeschwindigkeit aufgestaut werden, wobei sich die zerrissenen Platten der erkalteten Oberfläche zu einem wirren Haufen *Schollenlava* auftürmen. Eine für das Auge spektakuläre und oft fotografierte Oberflächenform der Pahoe-hoe-Lava ist die *Seillava*. Eine noch plastische Erstarrungshaut wird von der verzögert darunter fließenden Lava aufgewickelt und durch die zur Strommitte

Schematische Darstellung der gesetzmäßigen Anordnung der Auswurfprodukte, wie sie z. B. bei Flankeneruptionen des Vulkans Ätna (Sizilien) typisch sind. Die Zeichnung wurde Anfang dieses Jahrhunderts von August Sieberg, einem langjährigen Professor für Geophysik in Straßburg und Jena, erstellt. Sie gab zum ersten Mal einen auch heute noch gültigen Einblick in das „Innenleben" eines Stratovulkans. (Die eingezeichneten Förderschlote für das Magma sind in Wirklichkeit jedoch nur wenige Meter breit.)

hin zunehmende Geschwindigkeit bogenförmig zu Gebilden gekrümmt, die einem Haufen von Seilen ähnlich sehen.

Bei Laven mit höherer Viskosität wird durch das Fließen die Oberfläche zu Brocken und Schlacken zerrissen. Der Name *Aa-Lava* hat sich dafür eingebürgert. „Aa" ist im Hawaiianischen der Schmerzensschrei beim barfüßigen Überqueren derartiger Laven.

Die blasenreichen Deckschichten der Lavaströme bieten eine gute thermische Isolation, durch die sich im Inneren der Ergüsse zusammenhängende, kristalline Massen (*Blocklaven*) ausbilden können.

Treten dünnflüssige Laven unter Wasser aus, bilden sich *Pillow-* oder *Kissenlaven*. Die Laven überziehen sich bei ihrem Kontakt mit Wasser mit einer dünnen Erstarrungshaut. Nachdrängende Lava bricht diese Haut auf, und der Vorgang wiederholt sich. Als Folge entsteht eine blumenkohlartige Zerklüftung mit runden, kissenförmigen Ballen verschiedener Größe.

7. Vulkanausbrüche und Klima

Was hat das Cannstatter Volksfest mit der Französischen Revolution gemeinsam? Was zunächst wie eine Scherzfrage aussieht, hat einen tieferen Hintergrund. Bei beiden Ereignissen gehörten Vulkanausbrüche zu den auslösenden Faktoren. Im ersten Fall spielte der Ausbruch des Vulkans Tambora auf der Insel Sumbawa in Indonesien im April 1815 eine Rolle, im zweiten Fall waren es die Eruptionen der Laki-Spalte in Island im Jahre 1783. Mit beiden plinianischen Großeruptionen wurden riesige Mengen an Gasen und Festpartikeln in die hohe Atmosphäre geschleudert. Bei der Eruption des Tambora wurden 25 Kubikkilometer Tephra freigesetzt, die eine maximale Höhe von 45 km erreichten. Darin enthalten waren 50 Millionen Tonnen Schwefelsäure (H_2SO_4), 200 Millionen Tonnen Salzsäure (HCl) und 100 Millionen Tonnen Flußsäure (HF). Die Gase und Partikel führten in der hohen Atmosphäre zu einer erhöhten Absorption und Streuung der von der Sonne kommenden Strahlung. In der Folge nahm die bodennahe Lufttemperatur ab, während gleichzeitig die obere Atmosphäre erwärmt wurde. Die kalten Sommer der Jahre nach 1783 und um 1815/16 ergaben Mißernten und Hungersnöte. In Frankreich führten sie zur Revolution, in Württemberg stiftete der König ein Erntedankfest (das heutige Volksfest), als wieder die erste gute Ernte eingebracht werden konnte.

Der Einfluß von Vulkanausbrüchen auf das Klima der Erde wird heute in vielen Studien intensiv untersucht. Sie sollen vor allem eine Trennung zwischen den natürlichen Emissionen der Erde und den vom Menschen, vor allem durch die Emissionen von Kohlendioxid und chlorierten Kohlenwasserstoffen, hervorgerufenen Klimaeinflüssen erlauben. Im Vordergrund steht hierbei die Frage, ob Vulkanausbrüche dem Treibhauseffekt entgegenwirken und ob sie die Ozonschicht schädigen.

Ein großes Problem bei den Untersuchungen besteht darin, daß die Temperatur der Atmosphäre von vielen Mechanismen gesteuert wird, von denen der Vulkanismus nur einen Faktor darstellt. Auch über lange Zeiträume aufgestellte statistische Korrelationen zwischen großen Vulkanausbrüchen und dem Wettergeschehen der darauffolgenden Jahre können nur bedingt eine zuverlässige Auskunft geben. So fiel der Ausbruch des Tambora in Europa in eine Zeitspanne unterdurchschnittlicher Temperaturen und brachte vermutlich nur „das Faß zum Überlaufen".

Aufschlußreiche Informationen über den aktuellen chemischen und physikalischen Zustand der hohen Atmosphäre erhält man mit LIDAR-Messungen. LIDAR ist die Abkürzung für *Light Detection and Ranging*. Meßstationen auf der Erde senden kontinuierlich Laserimpulse in Richtung der hohen Atmosphäre aus und beobachten Laufzeit und Intensität des rückgestreuten Lichtes. Wenige Tage nach der stark explosiven Tätigkeit des Vulkans El Chichon in Mexiko Ende März 1982 zeigten LIDAR-Geräte auf Hawaii ungewöhnlich starke Rückstreuungen, die einer Wolke in 25 km Höhe zugeordnet wurden. Hawaii liegt in Richtung der in der Stratosphäre aus Osten wehenden Winde, und der Zeitpunkt des Eintreffens stimmte mit der mittleren Windgeschwindigkeit von 70 km/h sehr gut überein. Die Wolke driftete weiter nach Westen und konnte im Mai mit dem LIDAR-System des Fraunhofer-Instituts für Atmosphärische Umweltforschung in Garmisch-Partenkirchen in 16 km Höhe nachgewiesen werden. Einige Monate später trat dort in etwa 25 km Höhe eine weitere Wolke dazu. Beide Partikelwolken vermischten sich langsam zu einer Aerosolschicht, die bis Ende 1983 beobachtet werden konnte. Die farbenprächtigen Sonnenuntergänge in diesen Jahren waren eine Folge der Lichtstreuung dieses stratosphärischen Dunstschleiers.

Modellrechnungen zur Entstehung der streuaktiven Wolken haben zusammen mit von Ballonen und Flugzeugen gefaßten

Proben das frühere Bild von der klimatologischen Wirksamkeit plinianischer Vulkanausbrüche in wesentlichen Punkten modifiziert. Entgegen ersten Annahmen hängt der klimatologische Effekt vulkanbedingter atmosphärischer Verschmutzung in erster Linie nicht vom Volumen der ausgestoßenen Asche- und Staubteilchen ab. Bei der vergleichsweise schwachen explosiven Tätigkeit des Vulkans El Chichon (Mexiko) wurde erstaunlicherweise eine Dunstwolke mit ausgeprägten abschirmenden Eigenschaften erzeugt. Eingehende Analysen ergaben dann folgendes Bild: Entscheidend für die Dichte und Streuaktivität der Wolke war die ungewöhnlich starke Emission an Schwefeldioxid. Dieses wird in der Stratosphäre in einem komplex ablaufenden Prozeß unter der Einwirkung von Sonnenlicht und Wasserdampf zu gasförmiger Schwefelsäure aufoxidiert, die sich an kleinsten Staubteilchen, Ionen und Molekülverbänden anlagert. Der photochemische Prozeß läuft jedoch mit einer Zeitverzögerung ab. Es können Monate vergehen, bis sich das Gas völlig in Aerosole umgewandelt hat, die als Streuzentren für Licht in Frage kommen. Gegenüber Silikatpartikeln sinken die Aerosole wegen der niedrigeren Dichte viel langsamer ab. Zusätzlich bedingt der kleine vertikale Temperaturgradient in der unteren Stratosphäre (10–30 km) eine minimale Durchmischung. Es bilden sich deshalb Wolkenschichten in den Höhen aus, in die die Gase durch die Eruption eingetragen wurden. Die Verweilzeit kann mehrere Jahre betragen, wodurch eine Anreicherung von zeitlich auseinanderliegenden Eruptionen eines oder mehrerer Vulkane entstehen kann. Einige kleine Ausbrüche können für das Klima ähnlich bedeutsam sein wie ein großer. Wie sich die Vulkanwolke in horizontaler Richtung ausbreitet, hängt von dem jahreszeitlichen Wettermuster der Stratosphäre ab.

Der Ausbruch des El Chichon trug rund 3-4 Millionen Tonnen Schwefeldioxid in die Stratosphäre hinein. Die mittlere Temperaturabnahme in den betroffenen Zonen lag bei etwa 0.5° C. Als Vergleichswert dazu bewirkte der Ausbruch des Vulkans Krakatau (Indonesien) des Jahres 1883 im Osten der Vereinigten Staaten eine mittlere Temperaturabnahme von ca. 1.5° C.

Das Klima wird jedoch nicht nur von der Temperatur bestimmt. Ein erhöhtes Angebot von Aerosolen in der unteren Atmosphäre (bis 10 km) kann durchaus zu vermehrter Wolken- und Niederschlagsbildung führen.

Die weltweite vulkanische Gesamtförderung von Schwefeldioxid im Zeitraum 1960–1990 wird auf etwa 15 Millionen Tonnen pro Jahr geschätzt. Davon entfallen aber nur wenige Prozent auf starke eruptive Phasen, deren Emissionen bis in die Stratosphäre getragen wurden. Der Rest stammt aus den in vielen Vulkangebieten vorkommenden *Solfataren* und *Fumarolen*. Die Solfataren- und Fumarolentätigkeit ist gekennzeichnet durch eine ständig auftretende, ruhige und gleichmäßige Förderung von Gasen und Dämpfen aus Spalten und Rissen im Vulkanbau. Beispielsweise treten aus dem Fumarolenfeld des „Großen Kraters" der Insel Vulcano (Sizilien) täglich zwischen 50 und 150 Tonnen Schwefelgase aus. Diese ruhige Abgabe ist mit der aus einem Fabrikkamin zu vergleichen. Die vulkanischen Gase bleiben in der Troposphäre, tragen aber höchstens 10 Prozent zum „sauren Regen" bei. Der durch den Menschen verursachte Gesamtbeitrag zum atmosphärischen Schwefelhaushalt ist um eine Größenordnung höher.

Beeinflussen Vulkanausbrüche die stratosphärische Ozonschicht? Nach der gigantischen Eruption des Vulkans Pinatubo auf den Philippinen im Juni 1991 wurde in den nachfolgenden Wintern eine ungewöhnliche Vergrößerung des Ozonloches beobachtet. Sie wirkte sich vor allem in den höheren Breiten der nördlichen Hemisphäre aus. Erste Erklärungsversuche ergaben Widersprüche. Die durch den Vulkanausbruch in der Stratosphäre hundertfach erhöhte Aerosolkonzentration hätte nach den Berechnungen zu einer erhöhten Ozonkonzentration führen müssen. Eine Lösung wurde erst gefunden, als der vom Menschen über die chlorierten Kohlenwasserstoffe in die Stratosphäre eingebrachte Betrag an Chlor bei den Modellrechnungen mit berücksichtigt wurde. Dabei zeigte

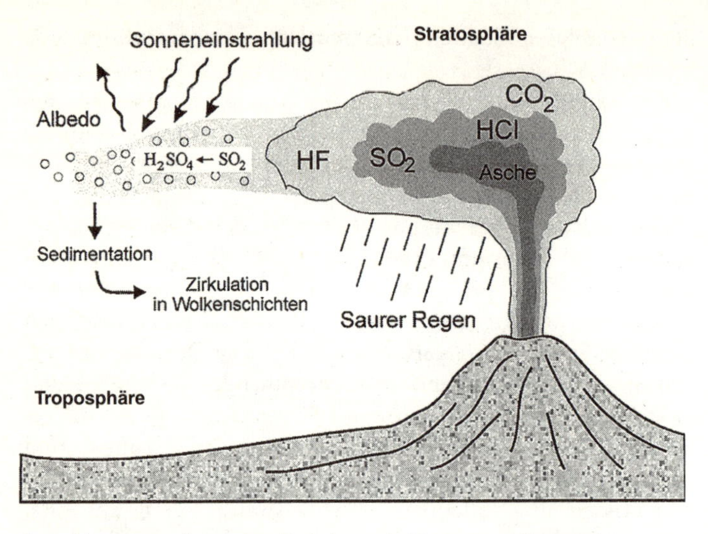

Auswirkungen vulkanischer Emissionen in Tropo- und Stratosphäre.
(Zchg. Peter Schick)

sich, daß das Verhalten der Ozonschicht gegenüber dem Eintrag vulkanischer Gase sehr empfindlich von der dort herrschenden Chlorkonzentration abhängt. Bei der derzeit vorhandenen, anthropogen verursachten hohen Chlorbelastung der Stratosphäre tritt tatsächlich eine Abnahme des Ozongehalts und damit eine Vergrößerung des Ozonloches ein.

8. Vulkane, die es nicht geben dürfte: „Hot Spots“ und Kontinentale Riftsysteme

Die Inselgruppe von Hawaii gehört zu den bekanntesten und aktivsten Vulkangebieten der Erde. Auf der östlichsten Insel, Hawaii oder Big Island genannt, fließen seit 15 Jahren nahezu pausenlos große Lavaströme von einem zum Kilauea-Rift-System gehörenden Seitenkrater ins Meer und bieten vor allem nachts einen spektakulären Anblick. Doch ein Blick auf die Landkarte verblüfft. Hawaii liegt inmitten der Pazifischen

Platte und Tausende von Kilometern vom nächsten aktiven Plattenrand entfernt. Nach den Regeln der sonst so aussagekräftigen Plattentektonik dürfte es dort weder Erdbeben noch Vulkanismus geben. Und Hawaii ist zwar die bekannteste, aber nicht die einzige Ausnahme von dem plattentektonischen Konzept. Der Vulkanismus auf den Kanarischen Inseln, das Tibesti-Massiv in der Sahara und der gewaltige Vogelsberg in Hessen lassen sich ebensowenig in das System der Plattentektonik einordnen.

Schon im letzten Jahrhundert fiel einigen Geologen auf, daß innerhalb der Inselkette von Hawaii der Vulkanismus von den gegenwärtig aktiven Zentren Kilauea und Mauna Loa auf Big Island aus in Richtung Nordwesten über die Inseln Maui, Molakai, Oahu und Kauai ein immer höheres Alter zeigt. Noch weiter nach Nordwesten ist die Erosion der Vulkaninseln so weit fortgeschritten, daß sie nur noch auf Reliefkarten des Ozeanbodens zu finden sind. Der kanadische Geowissenschaftler Tuzo Wilson gab um 1960 eine plausible Erklärung zu dieser Beobachtung. Aus dem tieferen Erdmantel dringt von einer dort fest verankerten Wärmequelle ein Wärme- und Materialstrom nach oben (oft mit dem französischen Wort „Plume" bezeichnet) und führt in der Lithosphärenplatte zu Aufschmelzvorgängen mit der Bildung von Vulkanbergen. Nun gleitet aber die pazifische Platte langsam über die von Wilson als *Hot Spot* bezeichnete thermische Anomalie hinweg und entfernt so die Vulkanberge von ihrem im Erdkörper raumfest verankerten Förderschlot, wodurch ihre vulkanische Tätigkeit allmählich erlischt. Der Vorgang hat Ähnlichkeit mit einem Industriekamin, der periodisch schwarze Rauchballen abgibt. Ein über den Schornstein streichender Wind trägt die Ballen weg. In ihrer Spur erkennt man Geschwindigkeit und Richtung des Windes. Die Spur der über dem Hot Spot von Hawaii aufgebauten Berge läßt sich über einen Zeitraum von 75 Millionen Jahren von der Insel Hawaii bis nahe Kamtschatka verfolgen. Sie stimmt perfekt mit den aus anderen Überlegungen erhaltenen Bewegungsrichtungen der pazifischen Lithosphärenplatte überein.

Über hundert große Vulkangebiete der Erde bringt man heute mit derartigen Hot Spots in Verbindung. Nicht alle liegen, wie Hawaii, weit abseits aktiver Plattenränder. Vermutlich werden die geographisch auf der mittelatlantischen Schwelle gelegenen Vulkangebiete Islands, der Azoren und der südatlantischen Insel Tristan da Cunhas ebenfalls von Hot Spot-Förderschloten gespeist. Die Volumina ihrer Magmaförderung übersteigen um ein Vielfaches den Betrag der ansonsten meist submarin gebliebenen Kleinvulkane entlang des Rückens.

Alle Untersuchungen zur Lage der Hot Spots deuten auf eine langlebige und weitgehend raumfeste Position im Erdkörper hin. Dies ist aber nur möglich, wenn die Quellen des Hot Spots unterhalb des Tiefenbereichs liegen, in dem Konvektion mit Horizontalbewegungen stattfindet. Damit wird der obere Erdmantel ausgeschlossen. Erst die höhere Viskosität des Materials im unteren Erdmantel schränkt die Beweglichkeit eines Plume so weit ein, daß seine über einen langen Zeitraum fixierte Position verständlich wird. Obwohl es (noch?) keine direkten Hinweise gibt, sehen viele Forscher in der Grenzschicht zwischen Erdkern und Erdmantel die thermischen Ursachen zur Entstehung dieser Mantel-Plumes.

Trotz der Spekulationen über Herkunft und Entstehung der Hot Spots besitzen sie einen unschätzbaren Wert zur Be-

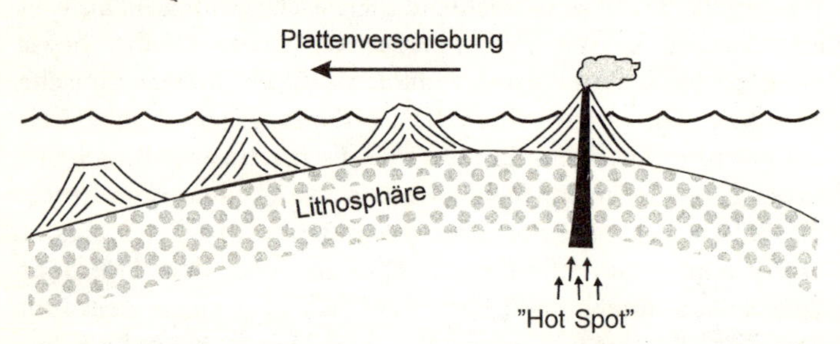

Bildung von Vulkanketten auf der beweglichen Lithosphärenplatte durch fest im Erdmantel verankerte Hot Spot-Förderschlote. Die Entstehung der diskreten Vulkankegel wird mit einer zeitlich variablen Förderung des Magmas erklärt. *(Zchg. Peter Schick)*

schreibung der globalen Tektonik. Durch ihre Langlebigkeit und ihre fixe Position in der Erde bilden sie ein hervorragendes Referenzsystem gegenüber den mobilen Lithosphärenplatten. In der Plattentektonik wird die afrikanische Platte für die vergangenen 30 Millionen Jahre als in ihrer Lage weitgehend stabil und ortsfest angesehen. Die Hot Spots auf dem afrikanischen Kontinent bestätigen diese Annahme. In den Vulkangebieten des Tibesti, des Mount Kameroon, des Nyiragongo in Zaire oder der Insel Reunion sind die Laven aus vielen Millionen Jahren vertikal übereinandergeschichtet, ein schlüssiger Beweis für die feste Position der afrikanischen Platte. Die Öffnung des Atlantiks zwischen Südamerika und Afrika beruht nicht auf einer symmetrischen Bewegung beider Kontinente zur mittelatlantischen Schwelle, wie man denken könnte. In einem absoluten Bezugssystem bleibt Afrika in der fixen Position, während die mittelatlantische Schwelle und der amerikanische Kontinent sich gegenüber dem Erdmantel mit einfacher bzw. doppelter Geschwindigkeit nach Westen bewegen.

Eine besondere Bedeutung besitzen Hot Spots vermutlich bei der Einleitung großtektonischer Phasen. Schon in den dreißiger Jahren unseres Jahrhunderts beschrieb der in Bonn lehrende Geologe Hans Cloos Aufwölbungen in kontinentalen Strukturen, von deren Zentrum in der Form eines Mercedes-Sterns dreiarmig verlaufende Bruchzonen ausgehen. Das Aufdomen tritt vermutlich dann ein, wenn ein Kontinent über einem Mantel-Plume zu stehen kommt. Zwei der drei Brucharme öffnen sich und formen einen neuen Ozean. Der dritte Brucharm läuft ohne Ozeanbildung in die kontinentale Landmasse. Bei der Rekonstruktion von Gondwana, dem Kontinent, der vor etwa 120 Millionen Jahren in Südamerika und Afrika zerbrochen ist, lassen sich zahlreiche derartige Muster finden. Es spricht vieles dafür, daß dieses Aufbrechen mit von den Hot Spots in der Lithosphäre erzeugten Schwächezonen zusammenhängt. Dort, wo sich die Arabische Halbinsel vom Afrikanischen Kontinent löst, spielt sich in unserer Zeit offenbar ein ähnlicher Prozeß ab. Das Rote Meer und der

Golf von Aden stellen die Arme mit Ozeanbildung dar. Der dritte, „trockene“ Arm gehört zum Afar-Dreieck und zum Äthiopischen Riftsystem.

9. Vulkanismus im Sonnensystem

Die Erde ist nicht der einzige Himmelskörper in unserem Sonnensystem mit Vulkanismus. Dennoch bleibt die Erde auch in bezug auf vulkanische Erscheinungen ein einzigartiger Planet. Vielleicht abgesehen vom Planeten Venus, konnten sich nur im Mantel der Erde Konvektionszellen mit den uns bekannten Phänomenen der Plattentektonik ausbilden. Der Grund dafür liegt in der Wärmeabstrahlung des Körpers, die vom Verhältnis seiner Oberfläche zur Gesamtmasse abhängt. Setzt man dieses Zahlenverhältnis für die Erde gleich 1, so erhält man für unseren Erdmond 6.1, für Merkur und Mars je 2.5 und für die Venus 1.1. Je größer die Zahl, umso mehr Wärme kann pro Zeitraum abgegeben werden. Die im Himmelskörper in der Phase seiner Entstehung durch die Dissipation der kinetischen Energie aufprallender Planetisimale entstandene Wärmemenge drückt sich im Größenverhältnis zwischen seinem metallischen Kern und dem Gesteinsmantel aus. Wird das Kern/Mantel Verhältnis für die Erde als 1 angenommen, so ergibt sich für die Venus 0.9, für den Mars 0.8 und für den Erdmond 0.1. Sieht man vom Planeten Merkur ab, so hat die Erde die größte Anfangswärme mitbekommen und gibt gleichzeitig am wenigsten thermische Energie ab. Dadurch ist sie gegenüber allen anderen terrestrischen Planeten und ihren Monden am wenigsten „ausgebrannt“.

Betrachten wir zunächst die vulkanische Entwicklung des Erdmondes und der inneren Planeten.

Erdmond

Die in früherer Zeit als Wasserozeane angesehenen und deshalb „Mare“ genannten großen Ebenen mit wenigen Einschlagkratern entstanden vor 3 bis 4 Milliarden Jahren als mächtige Flutbasalte. Im Chemismus unterscheiden sie sich wenig von den terrestrischen Basalten, enthalten aber etwas mehr Eisen und Magnesium und weniger Alkalielemente und Wasser. Aus den Dimensionen der Mare und ihrer Lavaströme kann auf die früheren Förderraten in der Größenordnung von einigen Kubikkilometern pro Tag geschlossen werden. Auf der Erde erreichen höchstens die Flutbasalte des Deccan-Trapp-Plateaus in Indien derartige Ausmaße. Die für die Erde typischen Vulkankegel kommen auf dem Mond kaum vor. Der Grund dafür liegt vor allem in der Dünnflüssigkeit der Mondlaven. Wegen des niederen Wassergehaltes der Mondmagmen war außerdem die Explosivität der Mondvulkane so schwach, daß sich unter der geringen Schwerkraft des Mondes keine Stratovulkane ausbilden konnten.

Mars

Wie beim Mond findet man auch auf dem Mars ausgedehnte Lavafelder. Oft erstrecken sich, bei einer Hangneigung von wenigen Grad, die Lavaströme über Hunderte von Kilometern, ebenfalls eine Folge der heißen und niederviskosen basischen Magmen. Aus unbekannten Gründen konzentriert sich der Vulkanismus auf die nördliche Hemisphäre. Hier befinden sich auch die gewaltigsten Schildvulkane, die wir in unserem Sonnensystem kennen. Der größte unter ihnen, der Olympus Mons, weist eine Gipfelhöhe von 25 km auf. Ein Ringwall umgibt ihn in 300 km Entfernung. In ihrer Struktur sind die Schildvulkane des Mars den großen Vulkanen Mauna Loa und Mauna Kea auf Hawaii vergleichbar. Es existieren Einbruchkrater in der Gipfelregion, lange lineare Lavaströme an den Flanken und ausgedehnte Kanäle, die vermutlich eingebrochene Lavatunnel darstellen. Die unterschiedlichen Größen sind plausibel. Die Vulkane von Hawaii wandern mit der Lithosphärenplatte über einen im Erdmantel ortsfesten Förderkanal, den „Mantel-Plume", wodurch sich die Förderprodukte über eine ganze Vulkankette verteilen. Bei der stabilen Kruste des Mars jedoch bleibt der Vulkanbau unverrückbar über der Magmaquelle stehen. Der Berg wird so lange aufgeschüttet, bis der zunehmende hydrostatische Druck der Magmasäule einen weiteren Aufstieg von Schmelze unterbindet.

Schildvulkane stellen nicht die einzige Vulkanstruktur auf dem Mars dar. Alba Patera ist ein mit Lava bedecktes Gebiet von über 1600 km Ausdehnung bei geringem Relief. Die tiefer gelegenen Ebenen werden oft von mächtigen Asche- und Sedimentschichten bedeckt. Sie sind ein Zeichen dafür, daß in der Geschichte des Mars Erosion durch Wind, Gletscher und vermutlich auch durch Wasser eine bedeutende Rolle spielte.

Das Alter der Marsvulkane ist umstritten. Die Angabe des Alters einer Oberflächenstruktur beruht hauptsächlich auf der Anzahl der Einschlagkrater der Meteoriten, die man in dem Gebiet findet. Je mehr Impaktkrater gezählt werden, umso älter ist die Struktur. Junger Vulkanismus ebnet die alten Krater ein. Bei der Bestimmung des Alters der Marseffusionen geht man von der nicht hinreichend gesicherten Annahme aus, daß die Einschlagshäufigkeit von Meteoriten auf dem Mars mit der auf dem Mond übereinstimmt. Für den Erdmond konnte die Dichte der Einschlagkrater mit dem absoluten Alter dort entnommener Gesteinsproben verglichen werden. Manche Forscher nehmen eine bis 200 Millionen Jahre zurückreichende vulkanische Aktivität des Olympus Mons an. Stimmt diese Zahl, so ist der Schluß berechtigt, daß bei dem Alter des Mars von vier Milliarden Jahren Vulkanismus auch heute noch durchaus möglich ist.

Venus

Aufgrund der Ähnlichkeit in Masse, Dichte und Durchmesser zwischen Erde und Venus wird die Venus manchmal der Zwillingsplanet der Erde genannt. Ein vergleichbarer Ablauf im tektonischen Geschehen beider Planeten wäre so in gewisser Weise verständlich. Wegen der dicken Atmosphäre ist die feste Oberfläche der Venus von der Erde aus nur schwer zu untersuchen. Erst die amerikanische Raumsonde *Magellan* konnte mit ihrem RADAR das Bodenrelief der Venus mit einer Genauigkeit von etwa 300 m auflösen. Die Oberfläche der Venus ist übersät mit gut erhaltenen, ringförmig ausgeprägten Einschlagkratern, deren Alter wegen ihrer geringen Erosion auf nicht mehr als einige hundert Millionen Jahre geschätzt wird. Ältere Impaktkrater wurden offenbar von einer ausgeprägten Phase vulkanischer Aktivität überdeckt. In der Oberfläche des Planeten lassen sich Strukturen nachweisen, die zweifellos mit Tektonik gekoppelt sind. Es handelt sich um Zonen mit Kompression und Dehnung, lineare und lang ausgedehnte Abbrüche, vielleicht Verwerfungen, Faltengebirge und Schildvulkane über großen, domförmigen Aufwölbungen. Im Gegensatz zur Erde scheinen aber die tektonischen Gebiete gleichmäßig über die Venus verteilt zu sein und sind nicht, wie auf der Erde, an Plattenrändern konzentriert.

Jupitermonde

Während Antriebskräfte und Förderprodukte des Vulkanismus auf den inneren Planeten sich im Prinzip nicht von denen auf der Erde unterscheiden, sieht es auf den äußeren Planeten und deren Monden ganz anders aus. Ein Beispiel dafür ist der Vulkanismus auf Io, dem Innersten der großen Jupitermonde. Mit Hilfe von Bildern der amerikanischen Raumsonden *Voyager* wurden hier die gegenwärtig aktivsten Vulkane unseres Sonnensystems entdeckt. Massen werden geysirartig auf ballistischen Bahnen bis mehrere hundert Kilometer über die Ausbruchstellen geschleudert. Auf der Oberfläche des Io lassen sich viele heiße Calderen nachweisen, aus denen Lavaströme fließen. Die gesamte Oberfläche von Io ist frei von Impaktkratern, ein Zeichen für die hohen Förderraten der vulkanischen Massen. Der thermische Energieausstoß von Ios gesamter Oberfläche liegt bei 10^{14} Watt.

Spektralanalytische Untersuchungen zeigen die Dominanz von Schwefel in den Förderprodukten an. Ein gewisser Anteil an Silikatvulkanismus ist aber nicht auszuschließen. Die topographischen Variationen auf Io erreichen einige Kilometer und sind mit einer Kruste, die große Ablagerungen von heißem und weichem Schwefel enthält, nicht vereinbar.

Für die thermische Aufheizung des Io wird allgemein Reibungswärme als Folge der zwischen Jupiter und Io auftretenden Gezeitenkräfte angenommen. Io umläuft Jupiter auf einer durch die anderen galileischen Monde gestörten Bahn und mit wechselnden Abständen zum Zentralgestirn. Die dabei auftretende Wechselwirkung in den Gravitationskräften führt Io mechanische Energie zu, die durch Dissipation in Wärme umgesetzt wird. Eine andere oder zusätzliche Energiequelle für die Aufheizung von Io könnte darin bestehen, daß die Wechselwirkung zwischen Io und der Magnetosphäre von Jupiter einen elektrischen Strom in Io induziert, welcher über Widerstandsverluste Wärme erzeugt.

Europa, der dem Jupiter nach Io am nächsten stehende Mond, zeigt Vulkanismus ganz anderer Art. Das Fehlen von Einschlagkratern zeigt auch hier die ständige Erneuerung der Oberfläche durch tektonische oder vulkanische Prozesse. Der Wert der mittleren Dichte von Europa deutet auf einen Silikatkern hin, der von einer dicken Eisdecke überzogen ist. Die Eisdecke ist von einem Muster von Brüchen durchschnitten, aus denen Eis und Wasserdampf entweicht. Als Ursache wird ähnlich wie bei Io thermische Aufheizung über Gezeitenreibung angenommen. Sie ist jedoch auf Europa mindestens um den Faktor 10 schwächer als bei Io. Bei Callisto, dem größten Jupitermond, ist die Oberfläche mit Meteorkratern übersät. Vulkanismus, falls in seiner Geschichte überhaupt vorgekommen, muß vor langer Zeit erloschen sein.

10. Vulkangefahren und Vulkanüberwachung

Im Gegensatz zu Erdbeben, bei denen innerhalb weniger Sekunden nahezu statische Zustandsparameter in dynamische Größen übergehen und damit schlagartig eine völlig veränderte Situation schaffen, benötigt der auf Strömungsvorgängen basierende Motor im Vulkan immer eine gewisse Zeit für Änderungen in der Aktivität. Eine kurzfristige Einschätzung der vom Vulkan ausgehenden Gefährdung ist demnach prinzipiell einfacher als eine präzise Angabe zu Stärke und Zeitpunkt zukünftiger tektonischer Beben. Die folgenden Fallstudien zeigen allerdings, daß ein technisch im Prinzip möglicher Schutz der Bevölkerung vor den Gefahren eines Vulkans in der Praxis meist unlösbare soziologische Probleme mit sich bringt.

Nach 1980 haben eine Reihe zum Teil spektakulärer Vulkanaktivitäten an teilweise gut überwachten Vulkanen stattgefunden. Dazu gehören die Phlegräischen Felder bei Neapel in Italien, der Ausbruch des Vulkans El Chichon in Mexiko und die Eruptionen des Vulkans Mihara-Yama nahe Tokyo in Japan.

Am aufregendsten war für Europäer das Geschehen in den Phlegräischen Feldern bei Neapel. Von 1982 bis 1984 war die Stadt Pozzuoli und ihre Umgebung schwarmartig und sehr oberflächennah auftretenden Erdbeben ausgesetzt. In der Landschaft wurden Hebungsraten von Millimetern pro Tag gemessen, und nach zwei Jahren erreichte das Maximum der Aufwölbung fast zwei Meter. Aus ihrem Wissen zogen viele Vulkanologen den Schluß, diese Erscheinungen müßten ursächlich mit dem Einströmen von Magma in Schichten nahe der Erdoberfläche zusammenhängen. Das Gebiet ist historisch durch starke vulkanische Tätigkeit bekannt. Im Jahre 1538 wurde dort innerhalb weniger Stunden ein Vulkankegel, der heutige Monte Nuovo, aufgeschüttet. Es lag nahe, aus diesen Tatsachen auf eine hohe vulkanische Gefährdung der dicht besiedelten Region zu schließen. Aus der Stadt Pozzuoli wurden 20 000 Menschen evakuiert. Dennoch blieb die befürchtete Vulkankatastrophe trotz typischer Vorläufer aus. Niemand kann heute jedoch sagen, ob diese geowissenschaftlich ungewöhnlichen Erscheinungen in späteren Jahren nicht doch noch als „echte Vorläufer“ einer zukünftigen Vulkankatastrophe angesehen werden müssen.

Ganz anders war die Situation im Jahre 1982 bei dem in Mexiko gelegenen Vulkan El Chichon. Der letzte Ausbruch lag Tausende von Jahren zurück, und der Vulkan galt, wenn er überhaupt als solcher erkannt wurde, als erloschen. Nur wegen der Kontrolle der Erdbebenaktivität unter einem nahe gelegenen Stausee wurde überhaupt eine Erdbebenstation installiert. Einige im März 1982 auftretende, schwache Erdbeben fanden jedoch kaum Beachtung. Ende März wurden von den Seismographen Signale aufgezeichnet, die jeden mit Vulkanseismizität vertrauten Geophysiker sofort aufgeschreckt hätten. Es handelte sich nicht mehr um impulsförmige, sporadisch auftretende Erdbebenstöße, sondern um regelmäßige, oszillatorische Schwingungen. Vulkanologen sind diese *vulkanische Tremor* genannten Seismogramme wohlvertraut. Die Bodenbewegungen rührten von den Siedegeräuschen oberflächennaher Magmaströmungen her. Am nächsten Tag wurde der Berg in einer gewaltigen Eruption geöffnet, bei der mehrere tausend Menschen ihr Leben verloren.

Wären die Einwohner bei einer Überwachung des Vulkans durch erfahrene Wissenschaftler gerettet worden? Wohl kaum. Obwohl das Auftreten von Strömungsgeräuschen auf schnelle, gashaltige und oberflächennahe Magmaströmungen hindeutet, die bei einem über Jahrtausende nicht aktiven Vulkan und einem geschlossenen Krater einen äußerst gefährlichen Vulkanausbruch wahrscheinlich machen, hätte niemand aufgrund dieses Verdachts eine innerhalb von Stunden zu erfolgende Evakuierung einer mit vulkanischen Gefahren nicht vertrauten Bevölkerung durchsetzen können. Selbst in einem Land wie Japan, wo die Bevölkerung auf die von Erdbeben und Vulkaneruptionen ausgehenden Gefahren wie in keinem anderen Land der Welt vorbereitet ist, sind, wie das folgende Beispiel zeigt, Evakuierungen außerordentlich problematisch.

Auf der in der Bucht von Tokyo gelegenen Vulkaninsel Izu-Oshima begann, für Vulkanologen nicht ganz unerwartet, im November 1986 eine starke explosive Tätigkeit, bei der Lavafontänen eine Höhe von 1500 m über der Ausbruchstelle erreichten. Obwohl die einige Kilometer von der Ausbruchstelle gelegenen Ortschaften nicht unmittelbar von dem Ausbruch bedroht waren, wurde eine Evakuierung der Inselbewohner eingeleitet. Von früheren Ausbrüchen war bekannt, daß mit den Lavaergüssen wegen des nahen Meeres nicht selten verheerende phreatomagmatische Explosionen verbunden waren. Diese entstehen, wenn die Gesteinsschmelze beim Aufdringen mit wasserführenden Schichten in Kontakt kommt und in einer Reaktion Dampfexplosionen erzeugt. Die bekannten Maare in der Eifel sind vermutlich so entstanden. Trotz einer vom wissenschaftlichen Standpunkt aus begründeten und anhaltenden starken Gefährdung der Insel durch den Vulkan konnte die Evakuierung der 10000 Inselbewohner auf das nahe gelegene Festland nicht länger als zwei Wochen durchgehalten werden. Auf Druck der Evakuierten besuchte der Gouverneur von Tokyo die Insel und erklärte, im Gegensatz zur Meinung der meisten japanischen Vulkanologen, nach seinem „intuitiven Gefühl" sei der Vulkan ruhig, und die Bevölkerung könne wieder auf ihre Insel zurückkehren.

Die von Vulkanen ausgehende Bedrohung der Menschen an Leib und Leben ist allerdings weit geringer als vielfach angenommen wird. In den vergangenen fünfhundert Jahren haben etwa eine Viertelmillion Menschen, unmittelbar oder mittelbar durch von der Zerstörung der Landwirtschaft ausgehende Hungersnöte, ihr Leben im Zusammenhang mit vulkanischer Aktivität verloren. Verglichen mit der Zahl der Erdbebenopfer ist dies wenig. Allein bei dem Erdbeben in Tangshan (China) im Juli 1976 kamen vergleichbar viele Menschen ums Leben. Eine Redewendung in Mittelamerika sagt: „Einem Vulkanausbruch kann man davonlaufen, einem Erdbeben nicht." Ein wesentlicher Punkt wird hier jedoch nicht berücksichtigt. Erdbeben treten nur bis zu einer maximalen Stärke auf. Dieses größtmögliche Ereignis tritt pro Jahrhundert im Durchschnitt einmal auf der Welt ein. Die maximal mit einem Vulkanausbruch verbundene mögliche Gewalt ist uns aber, genauso wie die Häufigkeit ihres Auftretens, weitgehend unbekannt. Eine gewisse Vorstellung möglicher Eruptionsstärken geben uns allerdings die auf der Erde vorkommenden Großcalderen. *Calderen*, früher auch Einsturzkessel genannt, sind Einsenkungen in einer Vulkanlandschaft, gleichsam die Überbleibsel eines Vulkans nach dem Auswurf großer Massen

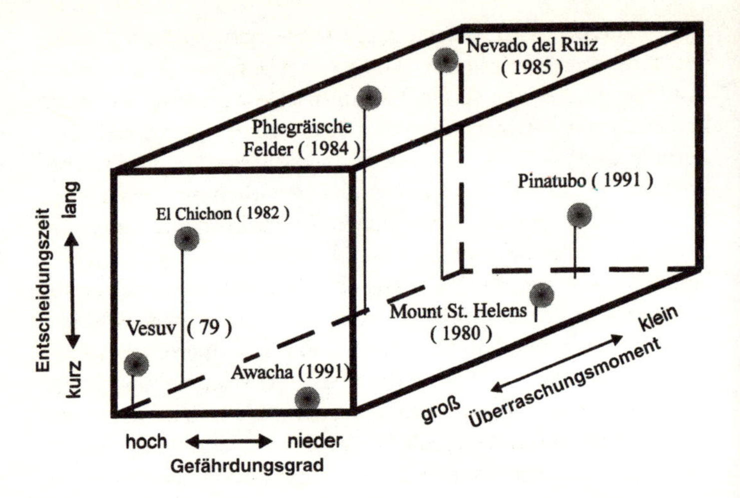

Im „Hermannschen Krisenkubus“ werden katastrophenartig eintretende Zustandsänderungen nach Überraschungsmoment, Gefährdungsgrad und Entscheidungszeit verglichen. Die Abbildung zeigt einige Vulkaneruptionen mit der Jahreszahl des Ausbruchs. Die Koordinatenwerte können bei der Risikoabschätzung mit Hilfe der Theorie nichtlinearer Vorgänge als sogenannte Kontrollparameter verstanden werden. *(Zchg. Peter Schick)*

von Magmen. Beim Toba-See im nördlichen Sumatra handelt es sich um eine der größten bekannten Calderen mit einer Längsausdehnung von fast 100 km. Man schätzt, daß hier vor 75 000 Jahren innerhalb weniger Tage etwa tausend Kubikkilometer Asche ausgeworfen wurden. Der Massenverlust führte zu einer Tiefe des Caldera-Bodens von zunächst vielleicht 2 000 m. Später nachfolgende Magmaintrusionen ließen den Boden wieder anheben, so daß heute inmitten des tiefen Toba-Sees die Insel Samosir herausragt.

Die verheerenden Auswirkungen derartiger Rieseneruptionen auf den Menschen und seine Landschaft werden höchstens noch durch den Einschlag eines Meteoriten übertroffen. Bei der Bildung der Toba-Caldera ist ein 400 Quadratkilometer großes Gebiet eingebrochen, mit Asche zugedeckt worden und damit praktisch von der Landkarte verschwunden. Am

Rande der Caldera fanden sich Aschenmächtigkeiten über Hunderte von Metern, und noch in einigen hundert Kilometern Entfernung betrug die Aschenbedeckung mehrere Meter. Auf einer Fläche fast so groß wie die Schweiz wurde alles menschliche, tierische und pflanzliche Leben begraben und zerstört. Es ist unbekannt, wie häufig derartige Ereignisse in der Erdgeschichte auftreten. Riesenausbrüche wie am Toba-See finden vermutlich nur alle 500000 Jahre statt. Calderen mit kleinerer Ausdehnung findet man naturgemäß häufiger. Etwa alle 50000 Jahre entstehen Einbruchkessel mit 20 bis 30 km Ausdehnung und alle 1000 Jahre etwa solche mit 5 bis 10 km.

Es ist ein fundamentales Ziel der Vulkanologie, die Ursachen und die begleitenden Phänomene beim Übergang von einem nicht oder nur schwach aktiven Zustand in eine Phase hoher Aktivität zu erkunden. Wir können nur anhand von Beobachtungen aus plausibel erscheinenden Überlegungen schließen, daß langfristig eine erhöhte Aktivität im wesentlichen die Folge eines Magmaschubs aus der Tiefe ist. Warum, wann, wo und wie stark dieser Schub jedoch einsetzt, ist völlig unbekannt. Kurzfristig gehen in den Übergang Faktoren ein, wie sie in Abschnitt III. 4. beschrieben sind.

Die heutige Überwachung eines Vulkans mit der Absicht, die Entwicklung seiner zukünftigen Dynamik abschätzen zu können, besitzt Ähnlichkeit mit der Beschreibung des Wettergeschehens und mit der Wettervorhersage. Das Verhalten beider Systeme wird entscheidend durch Art und Zustand von Strömungen bestimmt. Im Gegensatz zu den Bewegungen der Luftmassen können die unterirdisch und einer direkten Beobachtung nicht zugänglichen Magmaströmungen jedoch nur an der Oberfläche oder außerhalb des Vulkanbaus, also nur über indirekt durchgeführte Messungen verfolgt werden. Die Interpretation der Daten ist dabei fast immer mit unsicheren oder gar spekulativen Annahmen belastet.

In das Innere eines Vulkans neu einströmendes Magma oder Änderungen in einem über Jahre hinweg stationären Strömungsmuster verursachen Störungen und Anomalien, die man mit den Mitteln der modernen Meßtechnik zu erfassen versucht. Dabei wird der Vorteil ausgenutzt, daß sich das Magma in seinem mechanischen, thermodynamischen, elektrischen und chemischen Verhalten signifikant von seiner Umgebung unterscheidet. Vereinfacht gesagt erfolgt der Transport von Magma im Vulkaninneren auf zwei Arten:

1. Das Magma fließt im Vulkaninneren in vorgefertigten, plattenförmigen Kanälen oder Gängen. An vielen Vulkanen der Erde (z.B. an der Somma-Wand des Vesuvs oder im Valle del Bove am Ätna) lassen sich durch Erosion herauspräparierte Gangstrukturen von erkalteter Schmelze wunderbar erkennen. Die meist vertikal orientierten Gänge besitzen Breiten im Bereich von Metern. Die Ausdehnungen in vertikaler und horizontaler Richtung ziehen sich oft über mehrere hundert Meter hin, bis der Gang im Vulkanbau verschwindet. Die Übergänge zwischen Fördergang und Vulkanbau sind oft messerscharf ausgeprägt.

2. Der Vulkanbau ist mechanischen Belastungen ausgesetzt, eine Folge seines Eigengewichtes und der Einspannung in überregionale tektonische Spannungen. Neues Magma kann nun entlang von Schwächezonen, vorgefertigten Rissen oder Flächen mit minimaler statischer Kompression (also maximaler Dehnung) vordringen und neue Förderkanäle mit einer neuen Ausbruchstelle erzeugen.

Die Überwachung von Vulkanen basiert in wesentlichen Teilen auf diesen Grundvorstellungen des Magmentransports. Im ersten Fall kann mit Seismometern, d.h. „Horchgeräten", das in Abschnitt III. 4. beschriebene Strömungsrauschen des Magmas abgehört werden. Aus Charakteristik und Klangfarbe des typischerweise im Infraschallbereich liegenden Geräusches lassen sich mit theoretischen und experimentellen Erkenntnissen aus der Strömungsakustik im Magmatransport verschiedene Strömungstypen und Strömungsmuster unterscheiden. So glaubt man zum Beispiel, feststellen zu können, ob die Förderung im Schlot einseitig gerichtet ist („Monopolströmung") oder ob eine Konvektionsströmung („Dipolströmung") vorherrscht. Der geschlossene Kreislauf einer Warmwasserheizung in einem Gebäude entspricht einer Dipolströmung. Tritt durch ein Loch in einem Heizkörper Wasser aus, so wird die Dipolströmung von einer Monopolströmung überlagert. Der Übergang von Dipol- zu Monopolströmung kann ein Hinweis auf eine zukünftige Eruption darstellen. Treten in den Beobachtungen schnelle und ausgeprägte Fluktuationen in den Signalstärken auf, deutet dies auf das Vorhandensein von Gasblasen in der Strömung.

Die Neubildung von Förderkanälen geschieht durch Aufweitung von Spalten, in die das Magma eindringt und die seinen Weg vorzeichnen. Das Aufweiten erfolgt teils durch plastische Deformation, teils aber auch durch Dehnungsbrüche. Mit seismischen Beobachtungsnetzen lassen sich die Brüche nach dem Ort des Auftretens und der Stärke verfolgen. Man erhält so eine Spur des vordringenden Magmas. Seismometer sind Instrumente zur Messung der Bodenbeschleunigung. Die Grenzempfindlichkeiten des Meßbereiches sind zwar hoch und können 10^{-12} der Erdbeschleunigung erreichen, doch reicht selbst dieser Wert nicht aus, um Änderungen im Magmafluß, die sich über Jahre hinziehen können, nachzuweisen und zu orten. Ein sehr langsam und im Vulkangebäude asymmetrisch verlaufender Magmatransport (z.B. einseitig zur Erdoberfläche hin gerichtet oder auch als von einem zentralen Förderschlot weggehender Radialgang) führt zu Deformationen des Vulkangebäudes. Diese können mit verschiedenen Verfahren überwacht werden. Traditionell werden geodätische Methoden mit Nivellement und Triangulation eingesetzt. Da sie aber sehr arbeitsintensiv und zeitaufwendig sind, werden heute Meßverfahren der modernen Satellitengeodäsie bevorzugt. Das bekannte und für Navigationszwecke häufig eingesetzte *Global Positioning Satellites* (GPS) erlaubt an ausgewählten Punkten absolute Ortsbestimmungen im Zentimeterbereich und darunter. Mit dem noch im Aufbau begriffenen, vielversprechenden System der Satelliten-Radar-Interferometrie (SAR) können Vulkangebiete allein vom Satellit aus, ohne die Hilfe von Bodenstationen, großflächig abgetastet und bei Wiederholungsmessungen in späteren

Umläufen auf zwischenzeitlich eingetretene Deformationen untersucht werden. Neigungsmesser, in Form überlanger Wasserwaagen oder dem Prinzip der „schief eingehängten Tür" folgend, werden nicht nur in Erdbebengebieten, sondern auch am Vulkan zur Überwachung möglicher Bodendeformationen seit Anfang des Jahrhunderts häufig verwendet. Mit diesen Instrumenten wurde schon vor fünfzig Jahren an den Schildvulkanen Hawaiis nachgewiesen, daß Aufwölbungen der Vulkanoberfläche mit einem Einströmen, Kesselbildungen dagegen mit einem Abströmen von Magma verbunden sind.

Spezifisches Gewicht und Dichte des Magmas unterscheiden sich vom Nebengestein des Vulkanbaus. Verlagerungen von Magma im Berg wirken sich im Gravitationsfeld des Vulkans aus, das mit Hilfe von Gravimetern mit hoher Präzision gemessen werden kann. Verschiedene quantitativ schwer erfaßbare Störeinflüsse, wie Veränderungen des Grundwasserspiegels, machen jedoch die Messungen schwer interpretierbar.

Zusätzlich zu den genannten instrumentellen und physikalischen Meßmethoden zur Überwachung eines Vulkans werden noch qualitative Beobachtungen herangezogen. Selbst bei potientiell sehr gefährlichen Vulkanen ist dies nicht selten die einzige Möglichkeit, Veränderungen des Aktivitätszustandes zu erkennen. Ungewöhnliche Schneeschmelzen oder Gletscherabbrüche können auf eine Temperaturzunahme im Vulkan hindeuten. Oft sind Hangrutschungen, vermehrter Steinschlag oder Spaltenbildung die Folge einer Aufsteilung des Vulkans durch hochsteigendes Magma. Intrusionen magmatischer Schmelze führen auch zu vermehrter SO_2-Emission. Stehen keine teuren Gasmeßgeräte zur Verfügung, so können verminderte pH-Werte in Kraterseen auf diesen Effekt hindeuten.

Unser Wissen über die zu einer vulkanischen Eruption führenden Faktoren und ihr Zusammenwirken reicht bei weitem nicht aus, um aus Meßdaten die Entwicklung der Aktivität eines Vulkans eindeutig ableiten zu können. Meist bleiben nur allgemeine Abschätzungen, Plausibilitätsbetrachtungen und Vergleiche mit früheren, am selben oder an einem vergleichbaren Vulkan abgelaufenen Eruptionsprozesse. Die für die betroffene Bevölkerung jedoch wichtigste Frage, ob sich die ansteigende Aktivität zu einem *Paroxysmus*, einer Großeruption ausweiten wird, ist für den Vulkanwissenschaftler kaum zu beantworten. Von dieser Problematik sind selbst Meteorologen betroffen. Auch für außergewöhnlich selten eintretende Wettereinwirkungen, wie Wirbelstürme, extremer Hagelschlag u. a., kann die Wettersituation, aus der sie entstanden sind, meist nur nachträglich erklärt werden. Die Analogie zum Vulkan ist nicht überraschend. Vulkanologische wie meteorologische Vorgänge werden von nach nichtlinearen Gesetzen ablaufenden Strömungen beherrscht, die von vielen Einflußgrößen abhängen. Bei einem kritischen Zustand des Systems können kleine Änderungen große Wirkungen erzielen. Dennoch gibt es auch Zustände, bei denen eine Vorausberechnung des Geschehens mit großer Sicherheit möglich ist. Eine ruhige Hochdruckwetterlage mit geringen Schwankungen im Luftdruck läßt sich vergleichen mit der Situation am Vulkan Ätna auf Sizilien, bei der die vulkanischen Tremor nur kleine zeitliche Amplitudenänderungen aufweisen. Nun sind aber für Prognosen nicht die ruhigen Wetterlagen maßgebend, sondern die Prozesse mit hoher zeitlicher Instationarität. Ob aus einem plötzlichen Abfall des Barometerdrucks in einer Gewittersituation eine Unwetterkatastrophe entsteht oder nur ein Sturm, der ein paar Dachziegel abwirft, ist genauso unsicher vorherzusagen, wie aus einer plötzlichen Änderung vulkanischer Meßgrößen auf einen die Anwohner bedrohenden neuen Aktivitätszustand des Vulkans zu schließen.

Weiterführende Literatur

(im Buchhandel bei Drucklegung des vorliegenden Buches nicht vergriffen)

Allgemeine Geophysik, Aufbau der Erde, Plattentektonik

Berckhemer, Hans: Grundlagen der Geophysik. Wissenschaftliche Buchgesellschaft, Darmstadt, 201 S., 1990.

Brown, Geoff, Hawkesworth, Chris and Chris Wilson (eds.): Understanding the Earth – a new synthesis. Cambridge University Press, Cambridge-New York, 551 S., 1992.

Strobach, Klaus: Unser Planet Erde. Ursprung und Dynamik. Gebrüder Bornträger, Berlin-Stuttgart, 253 S., 1991.

Erdbeben

Bolt, Bruce, A: Erdbeben – Schlüssel zur Geodynamik. Spektrum Akademischer Verlag, Heidelberg-Berlin-New York, 230 S., 1995.

Lomnitz, Cinna: Fundamentals of Earthquake Prediction. John Wiley & Sons, Inc., New York-Chichester-Brisbane, 326 S., 1994.

Schneider, Götz: Erdbebengefährdung. Wissenschaftliche Buchgesellschaft, Darmstadt, 167 S., 1992.

Vulkane

Chester, David: Volcanoes and Society. Edward Arnold. A division of Hodder & Stoughton, London-Melbourne-Auckland, 351 S., 1993.

Decker, Robert und Barbara Decker: Vulkane. Spektrum Akademischer Verlag, Heidelberg-Berlin-New York, 267 S., 1992.

Edmaier, Bernhard und Angelika Jung-Hüttel: Vulkane. BLV Verlagsgesellschaft, München, 161 S., 1994.

Pichler, Hans: Italienische Vulkangebiete. Sammlung Geologischer Führer. Gebr. Bornträger, Berlin-Stuttgart.
Das Werk besteht aus 5 Einzelbänden:
I: Somma-Vesuv, Latium, Toscana. (Band Nr. 51, 258 S.)
II: Phlegräische Felder, Ischia, Ponza-Inseln, Roccamonfina. (Band Nr. 52, 186 S.)
III: Lipari, Vulcano, Stromboli, Tyrrhenisches Meer. (Band Nr. 69, 270 S.)
IV: Ätna, Sizilien. (Band Nr. 76, 326 S.)
V: Mte. Vulture, Äolische Inseln II (Salina, Filicudi, Alicudi, Panarea), Mti. Iblei, Capo Passero, Ustica, Pantelleria und Linosa. (Band Nr. 83, 271 S.)

Rast, Horst: Vulkane und Vulkanismus. Ferdinand Enke Verlag, Stuttgart, 3. Auflage, 236 S., 1987.

Schmincke, Hans-Ulrich: Vulkanismus. Wissenschaftliche Buchgesellschaft, Darmstadt, 164 S., 1986.

Elektronische Informationssysteme

Sammlung von CD-ROM (CD-ROM Collection)

Vom National Geophysical Data Center (NGDC) in Boulder, USA, werden innerhalb einer CD-ROM Sammlung Datenbänke mit umfangreichen Angaben zu Erdbeben und Vulkaneruptionen herausgegeben. Erwähnenswert ist ein Katalog mit über vier Millionen weltweit aufgetretener Beben, der bis auf das Jahr 2100 v.Chr. zurückgeht.

Anschrift: National Geophysical Data Center, 325 Broadway, E/GC1, Code 975, Boulder, CO., 80303-3328, USA.

World Wide Web (WWW)

Eine größere Anzahl geophysikalischer Institute und Observatorien zur Beobachtung von Erdbeben und Vulkanaktivitäten unterhält über das Internet erreichbare "home-pages" im World Wide Web (WWW). Die Seiten enthalten neben allgemeinen Darstellungen zur Seismologie und Vulkanologie aktuelle Informationen über Erdbeben und Aktivitätszustände vieler Vulkane. Wegen der häufigen Änderungen sollen keine detaillierten Angaben zu den Adressen erfolgen.

Die Rubriken *Seismology, Earthquakes* und *Volcanology* sind jedoch leicht zu finden. Eine Möglichkeit des Einstiegs kann über den Search YAHOO erfolgen (www.yahoo.com). Über die Sparten Science: Earth Sciences: Geology and Geophysics erreicht man *Seismology, Earthquakes* und *Volcanology*.

Earthquakes enthält Kataloge weltweit aufgetretener Beben, Verzeichnisse und Anschriften von Erdbebenstationen, Vorschläge zur erdbebensicheren Bauweise, Erdbebengefährdungskarten, Nachrichten über aktuelle Beben und nahezu in Echtzeit ablaufende Seismogrammregistrierungen vieler Erdbebenstationen.

Volcanology enthält Verzeichnisse von Vulkanen und Vulkanobservatorien, Satellitenbilder, gegenwärtige Vulkanemissionen und ihre Einwirkungen auf das Klima, sowie die aktuellen Aktivitätszustände vieler Vulkane. Für Europäer besonders interessant sind ausführliche Beschreibungen der süditalienischen Vulkane Vesuv, Stromboli, Vulcano und Ätna. Man findet hier nicht nur den neuesten Eruptionszustand, sondern auch touristische Informationen wie Landkarten, Wegbeschreibungen, Fahrpläne und Anschriften von Verkehrs- und Schiffahrtsbetrieben.

Register